职业教育公共思想政治课系列教材

哲学与人生

主　编　梁　琦　徐海峰

副主编　彭子鸥

合肥工业大学 出版社

图书在版编目(CIP)数据

哲学与人生/梁琦,徐海峰主编.—合肥:合肥工业大学出版社,2019.2
ISBN 978 - 7 - 5650 - 4418 - 2

Ⅰ.①哲…　Ⅱ.①梁…②徐…　Ⅲ.①人生哲学　Ⅳ.①B821

中国版本图书馆 CIP 数据核字(2019)第 033010 号

哲 学 与 人 生

主编 梁 琦 徐海峰		责任编辑 王 磊	
出 版	合肥工业大学出版社	版 次	2019 年 2 月第 1 版
地 址	合肥市屯溪路 193 号	印 次	2019 年 2 月第 1 次印刷
邮 编	230009	开 本	787 毫米×1092 毫米 1/16
电 话	艺术编辑部:0551—62903120	印 张	9.5
	市场营销部:0551—62903198	字 数	256 千字
网 址	www. hfutpress. com. cn	印 刷	合肥现代印务有限公司
E-mail	hfutpress@163.com	发 行	全国新华书店

ISBN 978 - 7 - 5650 - 4418 - 2　　　　　　定价:45.00 元
如果有影响阅读的印装质量问题,请与出版社市场营销部联系调换。

前言

"哲学与人生"是职业学校学生必修的德育课程之一。根据职业教育的现状和职业学校学生的特点，依据教育部最新颁布的职业学校《哲学与人生教学大纲》编写了本书。

本书把哲学与人生结合起来，坚持贴近实际、贴近生活、贴近学生的原则，对哲学课程做出创新，突出哲学对人生的指导作用。本书由"坚持从客观实际出发，脚踏实地走好人生路""用辩证的观点看问题，树立积极的人生态度""坚持实践与认识的统一，提高人生发展的能力""顺应历史潮流，树立崇高的人生理想""在社会中发展自我，创造人生价值"五个单元组成，旨在让学生了解马克思主义哲学的基本观点和方法，指导学生运用辩证唯物主义和历史唯物主义的观点和方法正确看待社会的发展，正确认识和处理人生发展中的基本问题，引导学生树立和最求崇高理想，逐步形成正确的世界观、人生观和价值观。本书内容丰富，体例新颖，通过案例教学、知识拓展、体验与探究等栏目的设置引导学生树立正确的思想观念，掌握科学的思维方法，提高分析问题、解决问题的能力。

编　者

2018 年 12 月

目录

第一章　坚持从客观实际出发，
脚踏实地走好人生路

教学目的

使学生把握辩证唯物论关于世界的物质性、物质运动及其规律性和意识的能动性等基本观点，懂得一切从实际出发，正确发挥主观能动性对人生发展道路的重要意义。指导学生从主客观条件出发，正确进行人生选择，增强自信自强的意识，脚踏实地走好人生路。

教学要求

认知：了解物质、物质运动的规律性，正确发挥自觉能动性，一切从实际出发等马克思主义哲学的基本观点；理解从实际出发、尊重客观规律是正确发挥自觉能动性，进行人生选择，走好人生路的前提和基础。

情感态度观念：正视现实，自强不息，尊重规律，脚踏实地。

运用：把握客观规律，明确人生发展方向，做一个自强不息、勇于行动、善于行动的人。

教学难点

物质世界的统一性和多样性；人生发展的现实性与可能性。

第一节　客观实际与人生选择

一、世界的客观物质性

（一）辩证唯物论的物质观

"物质"范畴是马克思主义哲学关于世界的本原和世界统一性问题的最高抽象：对"物质范畴的理解，在深度和广度上，都有一个漫长的历史发展过程，并经历了古代朴素唯物主义、近代形而上学唯物主义、现代辩证唯物主义三个发展阶段。

知识拓展

在古代，朴素唯物主义认为世界的本原是物质，而物质就是指某一种或某几种具体的物质形态。正是这些具体的物质形态构成了世界上万事万物的"始基"，万事万物由于"始基"的变化而产生，万事万物的死亡和毁灭又复归于"始基"。古希腊唯物主义者泰勒斯认为，水是万物的本原；阿那克西米尼认为世界上的一切事物都是由空气产生的。古希腊原子唯物论的代表人物德谟克利特等人认为，原子和"虚空"是一切事物的本原，不能再分割的微粒——原子在"虚空"中运动，通过相互碰撞便结合在一起，形成世界上各种各样的事物。我国古代朴素唯物主义者认为，金、木、水、火、土是构成世界万物的原始物质。我国古代元气说的代表王充认为，元气是万物的本原。他说："天覆于上，地偃于下，下气蒸上，上气降下，万物自生其中间矣。"印度的一些朴素唯物主义者认为，地、水、火、风是组成世界的原始物质。朴素唯物主义的物质观是人们对客观世界直观观察的结果，缺乏科学的根据，因而具有直观性、朴素性和猜测性的特征。到了近代，建立在科学实验基础上的形而上学唯物主义物质观把物质概念归结为物质结构的原子层次，认为物质就是原子，原子是"宇宙之砖"，世界上一切事物都是由原子组成的，原子是不可再分的最小物质单位，各种元素的原子不能相互转化；原子的属性，如质量不变、广延性、不可分性等被看成是一切物质形态的属性。近代形而上学唯物主义物质观克服了古代朴素唯物主义的直观性和猜测性。但它把物质归结为自然科学意义上的原子，认为原子是世界的本原，因而具有机械性、形而上学性和历史观上的唯心主义等局限。

辩证唯物主义的物质观是马克思和恩格斯在总结近代自然科学成就的基础上，批判地继承旧唯物论哲学物质观的积极成果，运用辩证思维的方法对哲学物质观念作出的科学概括。列宁在总结19世纪末20世纪初自然科学的重大成果，批判唯心主义的过程中，继承和发展了辩证唯物论的物质观。他指出："物质是标志客观实在的哲学范畴，这种客观实在是人通过感觉感知的，它不依赖于我们的感觉而存在，为我们的感觉所复写、摄影、反映。"简言之，物质就是不依赖于人的意识并能够被人的意识所反映的客观实在。

列宁的这一定义高屋建瓴地概括了世界上千差万别、千变万化的事物和现象的共同本质，揭示了物质的根本特性就在于它的客观实在性，深刻地体现了哲学的物质范畴既应当是高度的抽象，又应当是丰富的具体，是高度抽象和丰富具体的统一，具有十分重大的理论意义。

第一，列宁的物质定义坚持了彻底的唯物主义一元论，同唯心主义的一元论和二元论划清了界限。列宁的物质定义明确指出"物质是标志客观实在的哲学范畴"，"它不依赖于我们的感觉而存在"，这就从物质和意识的关系中肯定了物质对于意识的本原性和决定性，以及意识对于物质的派生性和依赖性，从而在马克思和恩格斯的基础上进一步奠定了辩证唯物论的理论基石。

知识拓展

在世界统一性问题上，凡是认为世界上的事物有共同的本质或统一的本原的观点，称为一元论。唯物主义和唯心主义都承认世界的统一性，认为世界只有一个本原，它们都是一元论哲学，但在世界统一于什么的问题上，二者存在着根本的对立。唯物主义一元论认为世界统一于物质，唯心主义一元论认为世界统一于精神，它们是两种根本不同的世界观。二元论否认世界的统一性，认为世界有两个相互平行、各自独立的本原，一个是物质，一个是精神。显而易见，二元论是一种不彻底的哲学，它动摇于唯物主义和唯心主义之间。另外，它把精神看成是不依赖于物质而存在的东西，最终倒向了唯心主义。

第二，列宁的物质定义坚持了可知论，同不可知论划清了界限。在哲学发展的历史上，有些人坚持不可知论，否认世界的可知性，认为世界是不可以被认识的（如康德和休谟），这就把人们的感觉、经验、意识看成是先天的、自生的东西。列宁的物质定义肯定物质"这种客观实在是通过人的感觉感知的"，能够"为我们的感觉所复写、摄影、反映"，在唯物主义的基础上进一步强调了人们可以在实践的基础上获得对世界的真理性认识，有力地批判了不可知论的错误观点。

知识拓展

休谟的不可知观点是彻头彻尾的，他不仅怀疑客观实体在物质上的存在，同时也怀疑它在精神上的存在。在他看来，神的本质、特征、能力、作用等，都是我们所不能证明的，我们的心根本就做不到这件事情。所以，休谟认为人不仅不能感知和证明物质实体的存在，也不能感知和证明精神实体（包括上帝）的存在。康德承认物质的存在，但是又认为刺激人们的感官而引起感觉的物质的本来面貌是不可认识的，作为一切精神现象最完整的统一体的灵魂、作为一切物理现象最完整的统一体的世界和作为最高统一体的上帝，都不是认识的对象，而属于信仰的领域。

第三，列宁的物质定义揭示了物质范畴的辩证性质，同形而上学唯物主义物质观划清了界限。近代形而上学唯物主义，在总结自然科学成就的基础上，发展了唯物主义物质观。但它把物质归结为自然科学意义上的原子，认为原子是世界的本原，原子的属性就是物质的根本属性，因而具有机械性、形而上学性和唯心主义历史观等缺陷。列宁的物质定义表明，哲学上的物质概念与自然科学的物质结构理论既有区别，又有联系。哲学上的物质概念根源于自然科学的物质概念，但又高于自然科学的物质概念。物质的具体形态和物质的具体结构具有自身的特点，体现的是事物的个性，它是可变的，而一切物质的具体形态和具体结构又都是离开人的意识而存在的客观实在，这是物质的共性，它是不变的。从个性中看共性，从暂时中把握永恒，表明辩证唯物主义的物质范畴体现着唯物论和辩证法的统一，同时，物质范畴作为客观实在的标志，是包含人类实践活动在内的，这就把人类实践活动融进物质概念中，体现了自然观和历史观的统一；这就克服了旧唯物主义由于不理解人类实践的客观性，不能把客观性原则贯彻到底，从而在社会历史观上陷入唯心主义的缺陷。

（二）世界的统一性在于物质性

世界的本原是物质的，世界的统一性是在于它的物质性。世界上形形色色的事物和现象，世界合乎规律的运动、变化和发展既不是神的创造，也不是人的意志、观念的体现，而是物质及其属性、关系的具体表现。

首先，自然界是客观存在的。无论是近代的天体的起源和演化学说，还是现代的宇宙大爆炸理论都证明宇宙中的一切天体都是自在的物质客体，它们各有自己形成和发展的历史。宇宙中的一切天体及其周围空间，都是由我们所在地球上常见的物质性元素构成的，根本不存在所谓非物质的神的世界。生命的起源和生物进化的理论证明，生命物质是从无生命物质演化而来的，生命现象的基础是包含蛋白质和核酸等生物大分子的蛋白体。生物物种由低级向高级的进化，不过是生物世界中由一种物质形态向另一种物质形态的逐步转化。科学的发展还证明，作为万物之灵的人类是由猿进化而来的，而且这种转化是在劳动的推动下实现的。

其次，人类社会是客观物质世界的一个部分。社会科学证明，随着人类的出现，人类社会也产生了。人类社会是由物质资料生产方式以及人口因素、地理环境等条件构成的复杂的物质体系。其中，物质资料的生产方式起着决定性的作用，它是人类社会存在和发展的物质基础。不同的社会形态的产生和更替，都是生产力和生产关系、经济基础和上层建筑矛盾运动的结果；而生产力和生产关系以及其他的社会关系，是在物质生产劳动中产生，并且是由物质生产劳动的状况决定的。社会的精神生活也不能脱离社会物质生活而独立存在，它是社会物质生活的反映。所以，人类社会也是整个物质世界的一部分，是物质世界发展的高级阶段。

再次，物质决定意识，意识是依赖于物质的。意识是人所特有现象，是人之所以为人的一个基本特征。但是，人的意识不是先天自生的东西，而是人们后天社会活动的结果。意识的生理基础是人脑，它是人脑的机能；意识的内容是客观事物，它是对客观事物的反映。不仅如此，意识对人们社会活动的作用不是决定于它自身，而是决定于它是否正确反映了客观事物的本质和规律。所以，意识也是统一于客观物质世界的。

二、坚持一切从实际出发

马克思主义哲学认为，世界的本质是物质，物质决定意识，意识对物质具有能动的反作用，发挥主观能动性必须尊重客观规律。因此，我们在实践中必须坚持一切从实际出发，也就是根据客观存在的实际情况，决定我们的主观思想和行动。

（一）一切从实际出发的基本含义

客观实际，就是指存在于我们的主观意识之外的历史的和现实的实际情况，即事物的属性及特点、事物的种种联系和由这些联系构成的运动状况。在现实生活中，客观实际的内容十分丰富，既包括地理环境条件，也包括社会发展状况，还包括自己的家庭环境，以及自己的生理和心理素质状况。这一切构成了一个人特殊的生活环境，而这种特殊的生活环境又决定了一个人的特殊的行为方式和思维方式。所以，一切从实际出发，就是我们想问题、办事情要把客观存在的实际事物作为根本出发点，根据客观存在的事实，来决定我们的思想和行动。

知识链接

"实事"就是客观存在着的一切事物，"是"就是客观事物的内部联系，即规律性，"求"就是我们去研究。我们要从客观实际情况出发，从其中引出其固有的而不是臆造的规律性，即找出周围事变的内部联系，作为我们行动的向导。

——毛泽东

（二）一切从实际出发的根本要求

一切从实际出发，最根本的要求就是要坚持主观和客观相符合，根据客观实际决定我们的思想和行动。客观实际是不以人的主观意识为转移的，坚持主观认识和客观实际相符合，这不仅是唯物主义的根本要求，也是我们在实践中成功地达成自己目标的根本保证。坚持一切从实际出发，坚持主观认识和客观实际相符合，就应当在实践中，在调查研究的基础上努力把握事物的本质和规律，达到对客观事物的正确认识，并以此作为我们行动的依据。

【案例】王强的父亲是个足球迷，一心想把儿子培养成未来的足球明星，为此，他把儿子送进一家有名的足球学校。经过几年的刻苦训练，王强的球踢得有模有样了，但在一场校内的训练比赛中，他不幸被同伴踢伤，伤势非常严重。医生告诉他的父母：别再让孩子踢球了，他的身体条件已经不再适应大运动量的体育活动，再练会对孩子的身体造成难以估量的伤害。王强的母亲想让孩子退出足校，但父亲认为，很多足球明星都曾受过重伤，不是有人靠顽强的意志恢复了身体，又重返赛场吗？于是，父亲决定让王强休养一段时间再回学校踢球。不幸的是，王强在比赛中又一次受伤，伤的是同一部位。这一次，王强再也没能站起来……

思考：王强的父亲的行为是正确的吗，为什么？

（三）坚持一切从实际出发的重要意义

坚持一切从实际出发，是中国共产党制定路线、方针、政策的最基本前提，也是我们走好人生路的根本保证。

从实际出发、实事求是是中国革命、建设和改革开放事业取得成功的根本保证。我国革命和建设的经验证明，坚持从实际出发、实事求是，我们的事业就前进、就胜利；违背了从实际出发、实事求是的基本要求，我们的事业就会遭受挫折和失败。

从实际出发、实事求是也是人生成功的根本保证。在人生的道路上，既要确定人生目标，也要选择实现人生目标的方案与措施，还要对人生行动的每一阶段性成果进行评价，而这一切都必须遵循从实际出发、实事求是的原则。对人生目标的确定，既不能好高骛远，也不能保守悲观；对实现人生目标方案与措施的选择，既要进行全面调查，也要进行缜密分析；对人生行动的每一阶段性成果的评价，既不能因成功而沾沾自喜，也不能因挫折而垂头丧气。只有从实际出发，客观地确定适合自己的人生目标，选择实现目标的最佳方案，客观地评价每一个阶段性成果，脚踏实地走好自己的人生路，才能创造出令自己激动也令别人感动的美好人生。

三、从客观实际出发选择人生发展的道路

选择正确的道路，永远比跑得快更重要。哲学家萨特说过一句富于哲理的话：人有选择的自由，但是没有不选择的自由。这位大师的话道出了这样一个真理：人生处处有选择。选择是什么？选择就是给自己定位，选择就是给自己寻找前进的方向，选择就是把握自己的命运，选择就是为自己的生命重新注入激情，因而，选择就是人生的第一推动力。只有选择，人生才有主题；只有选择，人生的坎坷才会被踏平；只有选择，人生才能冲破世俗的藩篱；只有选择，人生才能演奏出生命的华彩乐章。

（一）人生选择及其作用

"选择"是一切生命物质的共同本性。低等生物通过刺激感应而选择，高等动物通过本能的趋利避害而选择。

低等生物包括低等动物和植物。低等动物和植物没有神经系统，但对于直接作用于它们的外界环境普遍具有刺激感应能力。例如，树木的干和枝叶总是朝着阳光充足的方向生长，而根系则扎向土壤中有水和肥的地层；含羞草在遭到刺激时就收拢枝叶；变形虫碰上藻类就围而食之。高等动物具有较为高级的神经系统，因而，它们的行为比起低等生物要高明许多，例如，青蛙能够择凉阴而避暑热，野狼能够捕食食草动物而避猎狗，猎狗能够攻击野狼而对主人百依百顺，蛇见到老鼠能够垂涎欲滴而遇到雄

鹰则狼狈逃窜。这些都证明了选择是一切生命形式的共同本性。

人生选择是根据一定的主客观条件，在世界观、人生观、价值观的指导下，对人生理想和人生目标的肯定性的行为。人的选择是经常的、普遍的，每个人无论是对生活、交友、恋爱与婚姻，还是对学习与工作等，都有着自己的想法，都要进行选择。

人生选择和一般动物选择具有本质的区别。第一，一般动物的选择是遗传而来的本能；人生选择能力则是在社会实践中形成的，并且是在社会实践中逐步提高的。第二，一般动物的选择只是盲目地遵循着自然界优胜劣汰、适者生存的自然规律；人生选择则是要根据现实的自然环境和社会条件，依据社会发展的规律。第三，一般动物的选择只是适应维持生命存在的需要；人生选择则是既要实现自我价值，又要在为社会奉献的过程中实现社会价值。第四，一般动物的选择具有鲜明的类特征，就是说，同一类动物在其生命活动中保持大致相同的行为选择；人生选择既具有人类的共同特征，又因世界观、人生观、价值观的差异而表现为复杂多样性。

选择是人生的关键环节。没有选择，就找不到人生的主题，就失去了前进的动力。从根本上说，人生道路不是别人指示的，而是每个人自己选择的结果。选择的对与错，是与否，优与劣，将直接影响人生，决定人的命运。正确的人生选择是对人生命运的理性把握，它可以使我们克服迷茫，找到前进方向；可以使我们克服消沉，获得无限的激励力量，踏平坎坷，跨越风险；可以使我们超越自我，奉献社会，创造流光溢彩的人生价值。世界精彩而复杂，社会竞争也很激烈。在这个世界上，无论是强者还是弱者，无论是成功者还是失败者，无论是大人物还是小人物，他们之间最重要的区别就是对人生之路选择的差别。

知识链接

我的成功在于我的选择。如果说有什么秘密的话，那么还是两个字——选择。

——比尔·盖茨

【案例】23 岁的文花枝，是湖南省湘潭市新天地旅行社的一名导游员。文花枝出生在韶山市大坪乡一个普通的农民家庭，家境贫寒，为供弟妹读书，她做出了不少牺牲。2000 年，成绩优秀的花枝中专毕业后，在浙江的一家酒店找到了一份工作，打工 3 年里，花枝没回家过过年，她把省下的钱，全部寄给了家里。平时出游在外，文花枝考虑最多的总是游客。她说："作为导游，得为游客着想！"一次，一位游客发现文花枝在解说时直冒冷汗，问她是不是身体不舒服，她说没事儿。游客很心疼，要她坐下来休息一下，但她硬是坚持带游客将所有的景点参观完后，才瘫坐在车里。

2005 年 8 月 28 日，22 岁的文花枝率团旅游途中遭遇交通事故，在自己左腿严重骨折的情况下，她对前来施救的救援人员说："我是导游，请先救游客。"直到最后一名游客被送上救护车，文花枝才同意接受施救。因错过了最佳救治时机，文花枝最终左腿高位截肢。

思考：为什么文花枝做出了这样的选择？什么样的人生能实现自我的价值？

（二）客观实际是人生选择的前提和基础

人生选择不是主观随意的，要走好自己的人生路，一定要从客观实际出发作出正确的判断，客观实际是人生选择的前提和基础。人生选择的客观实际包括人生的自然环境条件、社会历史条件、家庭条件以及个人的主观条件。

自然条件，首先是指人们赖以存在和发展所处的自然环境。自然环境的地理位置和资源状况，决定着人们的生产劳动方式，决定着人生活动的对象和手段，因而也制约着人生道路的选择。其次，人们的性别，特别是人的生理机体的健康状况对人生道路的选择也具有不可忽视的作用。

社会历史条件包括历史文化传统、现实的社会制度，以及一定社会制度下物质文明、政治文明、精神文明的发展水平等。不同的国家、不同的民族具有不同的文化传统、不同的社会文明，因此，人们的生产方式、生活方式、价值观念和思维方式也是很不相同的，这就造成了人们对人生道路选择存在或大或小的差异。即使同一个国家和民族，由于人们的社会地位不同，生活理念相左，也会在人生目标的选择方面表现出异常复杂的情况。

家庭条件包括家庭的生产和生活条件、社会地位和经济状况、文化素质和思想道德素质等。家庭条件对每个人都有潜移默化的影响，因而，它也是人生选择的不可忽视的因素。个人主观条件包括思想政治素质、伦理道德素质、内在心理素质、文化知识素质等。个人的主观条件决定着人生发展的方向，提供了人生发展的知识技能基础和前进动力，因而，对人生道路的选择具有极为重要的作用。

选择成功只是一种追求，要把这种追求变为现实，就必须付出艰辛的人生行动。英雄模范人物之所以能创造出辉煌的人生，就是因为他们从青少年时期就有远大的理想和对真理的不懈追求，有坚韧不拔的意志和吃苦耐劳的品质。只要我们从现在起按照社会发展的规律，树立正确的世界观和人生价值观，努力学习，勇于实践，就一定能创造出辉煌的人生。

【案例】郭明义是鞍钢矿业公司齐大山铁矿生产技术室采场公路管理员。作为企业的一名普通员工，他不因善小而不为，矢志不渝地追求真善美。他每天提前 2 小时上班，15 年中累计献工 15000 多小时，相当于多于了 5 年的工作量。16 年间为失学儿童、受灾群众捐款 12 万元，20 年的时间曾 55 次无偿献血，累计献血量达 6 万多毫升，相当于自身总血量近 10 倍，挽救了数十人的生命。面对人们"你这么做到底图什么"的提问，郭明义总是很淡定地回答："其实，我什么都不图。每个人都有不同的人生追求、人生选择。从入党那天起，我就选择了跟党走，多为别人奉献的人生道路。所以说，我所做的一切，都是一名党员最基本的责任和义务，都是我应该做的事。"郭明义的义举善行赢得了社会的肯定，也获得了党和政府的奖励，获得了"全国五一劳动奖章"、"全国优秀共产党员"、"全国红十字志愿者之星"、"全国优秀志愿者"、"全国无偿献血奉献奖金奖"、2010年"感动中国人物"等荣誉称号。

（三）人生选择的必然和自由

必然和自由是揭示自然和社会的发展规律与人们自觉活动之间相互关系的一对哲学范畴。必然是事物发展的客观规律性，即事物本质所规定的联系和趋势；自由是指在必然性基础上人所进行的积极的自觉活动，即对客观规律的认识和对客观世界的改造。

马克思主义哲学认为，必然和自由既是对立的，又是统一的。当人们还没有认识自然界和人类社会的发展规律的时候，规律存在着并且自发地发挥着它的作用。在这种情况下，人们的认识和实践活动都是盲目的、被动的、不自由的。只有在人们认识了事物的客观规律，并在实践中运用和驾驭它的时候，其行动才是自由的。

必然和自由的对立统一关系也体现在人生选择的过程中。人生选择的必然是由人们面临的客观条件决定的，客观条件的存在不以人们的意志为转移，因而，人生选择就决不能是主观随意的。根据客观条件选择自己的人生道路正是体现了一切从实际出发、实事求是的精神。

人生选择的自由是由客观条件的多样性和选择目标的多样性决定的。客观条件的多样性提供了人生发展的多种可能。所谓可能就是指包含在现实事物之中的、预示事物发展前途的种种趋势。面对着人生发展的多种可能，要做出正确的人生选择，就要正确认识这多种多样的客观条件以及它们之间的联系，把握事物发展的规律，并在此基础上根据自己的目标选择最适合于自己的发展道路，这就是人生选择的自由。没有对于多种多样的客观条件以及它们之间复杂联系的正确认识，没有对于事物发展的客观规律的正确把握，选择就是盲目的、不自觉的，而这种盲目的、不自觉的选择，就不是自由的选择。

知识拓展

爱因斯坦是世界公认的最伟大的科学家。他出生在德国一个贫苦的犹太人家庭，小时候既不聪明也不活泼，三岁多还不大会讲话，直到九岁时讲话还不很通畅。在念小学和中学时，功课属平常。由于他举止缓慢，不爱同人交往，老师和同学都不喜欢他。教他希腊文和拉丁文的老师对他更是厌恶，曾经公开骂他："爱因斯坦，你长大后肯定不会成器。"然而，爱因斯坦并没有气馁，他知道干什么事情都要量力而行。经过自我分析认为：自己虽然学习成绩平平，许多方面是不及别人。但对数学和物理很感兴趣，且成绩较好，自己只有在数学和物理方面确立目标才有出路。1896年10月，爱因斯坦跨进了瑞士苏黎世工业大学的校门，选读了物理学专业。由于他把精力集中在自己所热爱的学科上，在十多年的时间里专心致志地攻读与自己目标相关的书籍和研究相关的目标，终于在电效应理论、布朗运动和狭义相对论三个领域取得了重大突破。

知识链接

鱼，我所欲也；熊掌，亦我所欲也。二者不可得兼，舍鱼而取熊掌者也。生，亦我所欲也；义，亦我所欲也。二者不可得兼，舍生而取义者也。

——孟子

人生选择的自由还是由选择目标的多样性决定的。在人的生命历程中，可供选择的目标不是单一的。而是多种多样的，正是这多种多样的目标才使人们具有了自由选择的广阔空间。但是，有限的生命决定了人们不可能得到自己想要得到的一切。什么都想得到，只能是生活的侏儒。要想获得某种超常的发挥，就必须放弃许多东西；要成就一番事业，就必须有所为，又有所不为。选择就意味着放弃，放弃是一种否定性的选择。理性的选择和理性的放弃都是对人的生命价值的肯定。所以，人生选择的真正自由，不在于你拥有多大的选择空间，而在于你能够根据主客观条件选择最适合于自己的奋斗目标。

市场经济条件下，有很多诱惑，也有很多机会。选择什么，放弃什么，决定着人们的人生道路和人生价值。只有勇敢的选择、理智的放弃，才能扬长避短，赢得机会。新世纪、新阶段，广大的青年人只有不为物欲所惑，才能服务社会，服务人民，才能在人生道路上敢攀高峰，为中华民族的崛起演绎开拓进取、求真务实、奋勇争先的新篇章。

四、勇于选择，善于选择

（一）要勇于选择人生道路

时光荏苒，生命有限；机不可失，时不再来。在人生发展的道路上，我们可能会拥有很多选择的机会。但是，能够真正展示自己才华、实现自己最大价值的机会却是不多的，因此，把握自己发展的机会，果断地选择人生道路，并忠实地履行自己的人生承诺，是实现人生成功的关键。这既是智慧的展示，也是人生不可缺少的一种品质。一个人的成功与他的果断决策有着密切的关系，如果缺乏果断的性格，遇事总是徘徊于"鱼和熊掌"之间，犹豫不决，这是缺乏自信的表现，是人生的一个致命弱点。

【案例】拿破仑是法国卓越的军事家，他南征北战，叱咤风云，一生中指挥大大小小六十多场战役，被誉为"西方之皇"、"战争之神"，是欧洲历史上最伟大的四大军事统帅之一。但在滑铁卢大战中，他不愿放弃在大雨造成的泥泞道路上行动不便的炮兵，在踌躇数小时之后，对手援军赶到，战场形势迅速逆转，致使拿破仑遭到惨败，结束了他的政治生命，也结束了拿破仑帝国。

思考：你是不是遇到过在多种目标并存的时候犹豫不定的情形？最终产生了什么后果？

人生就是选择和放弃的过程。选择成就一番事业，必然要放弃安逸的享受；选择清淡的生活，必然要放弃名利的诱惑。学会选择和放弃，即可以在有限的生命中，抓住自己最需要的，舍弃不必要的负担。在人生道路上，人们常常站在十字路口选择去向，这时候的明智选择与放弃，可以轻松掌握人生的主动，到达成功的彼岸。

(二) 要善于选择人生道路

选择人生道路还要有智慧，坚持正确的指导思想，运用科学的选择方法。

方法是一个多义的概念，在古希腊文中是指沿着正确的道路前进，在中国古籍中，有法、道、术、策等多种解释。在现代社会中，方法是指人们的活动应当遵循或使用的具有工具性意义的规则、途径、程序和手段。人生道路的选择方法是确定人生目标的一般规则和程序。

选择人生发展的道路，应遵循以下一些原则和方法。

第一，要坚持从实际出发，选择自己人生发展的道路。为此，就要正确地了解社会环境，认识社会发展的趋势，把握社会的客观需要，找准自己在社会生活中的位置，努力做到使自己的主观愿望符合时代潮流；还要正确地认识自己，把握自己学习的专业方向、知识水平、兴趣爱好以及能力、气质和性格等，从而使人生选择更有利于发挥自己的才华。脱离了社会的客观实际，明知不可而为之，必然在未来的社会实践中遭遇失败的结局；脱离自己的主观条件，在人生目标的选择上好高骛远或者急功近利、贪图捷径也不会有什么好的结果。

【案例】小翟同学在一所医科大学学习临床医学专业。临近毕业之际，不少同学都根据自己所学找到了一份工作，但她却想做一名律师，执意要到法院就业，认为唯有此才能实现自己的人生梦想。眼看同学们纷纷离校走上了工作岗位，而她仍在苦苦地寻找、等待，最终也未能如愿。在老师和同学的劝说下，她放弃了自己不切实际的想法，应聘于家乡的一家二级医院，做了一名普通的临床医生。由于小翟同学聪明伶俐、虚心好学、服务周到，受到了同事和病人的交口称赞，她本人也感到由衷的喜悦。

思考：你对自己毕业以后的工作和生活有什么打算，为什么？

第二，要正确处理个人和国家的利益关系。在新的历史时期，我们的共同理想是在中国共产党领导下，建设中国特色社会主义，实现中华民族的伟大复兴。实现这一共同理想是中华民族的根本利益所在，因此，选择人生发展道路就要把国家利益置于个人利益之上，以个人利益服从于国家利益，以个人发展的目标服从于国家发展的目标。

【案例】2005 年 7 月，从湖南工业大学计算机专业毕业的周志永，作为一名志愿者来到河南省新乡市延津县魏邱乡开展远程教育服务。他想农民所想，帮农民所需，利用自己所学的专业知识，通过网络牵线搭桥，破解了当地辣椒滞销难题；他向乡村干部、群众传授计算机方面的基本知识，帮助群众维修电脑，为群众讲解科学文化知识和各项农村实用技术等。2006 年 6 月，一年服务期期满的周志永经过痛苦的思考，最终放弃了理想工作的诱惑，选择了留下，选择了农村，选择了农民兄弟。2006 年 12 月初，周志永受到河南团省委、河南省青年志愿者协会的表彰，获得了"2006 年河南省十佳杰出青年志愿者"称号。

思考：开一个小组讨论会，谈谈怎样正确处理个人利益和国家利益的关系。

第三，要把握选择过程的阶段性。服务社会、服务人民是广大青年人生发展的总体目标，但是实现这一总体目标的途径是多种多样的，因此，选择过程的第一个阶段，应当是从各个方面思考能够实现自己社会价值的途径。做工、务农、经商、从政、当教师、搞专业研究等都是我国社会主义现代化建设的需要，都可以实现我们的人生价值。既然这样，就应当在这个阶段上，根据客观实际情况进行周密的思考，多考虑几种方案，多设想几种途径，尽可能不遗漏任何一个重要环节。

选择过程的第二个阶段，就是要根据个人主观条件对第一个阶段所设定的各种途径和方案逐一进行分析比较和综合判断，从而确定最能够符合自己的兴趣和专业特长、最能够发挥自己积极性和创造性的途径和方案。

【案例】叶晨峰是某财经学校 2012 届旅游与酒店管理专业的学生。他善于思考，待人真诚，擅长写作，学习成绩优秀，特别是对计算机操作情有独钟。毕业前夕，面对着众多招聘信息，他通过网络渠道向旅游管理、酒店、旅行社、度假村等企业人事管理、经营服务单位投递了个人简历，经过两个月的等待，陆续收到了三个部门的聘用意向书。经过认真思考，他还是根据所学专业的性质以及自己的个性特征，选择了到某市一家酒店工作。三年过去了，由于小叶踏实肯干，善于开动脑筋，工作业绩不错，人际关系良好，已从一名服务员提升为基层管理员，成功地迈出了他人生历程的第一步。

体验与探究

1. 中国古代的哲学家庄子曾在《应帝王》篇中记述过这样一个小故事：南海的帝王叫倏，北海的帝王叫忽，（大地）中心的帝王叫混沌。倏和忽经常在混沌的地盘相遇，混沌对他们很好。倏和忽商量要报答混沌的恩德，就说："人都有七窍，用来看、听、呼吸、吃饭，唯混沌没有，让我们试着帮他凿出七窍来。"于是他们每天给混沌凿一窍，凿了七天后，混沌就死了。

思考：混沌为什么会死？结合这个小故事谈谈坚持一切从客观实际出发，按客观规律办事的重要性。

2. 小袁，24 岁，中专是学汽车修理专业的，毕业后并没有做相关的工作，反而往计算机方面发展了。于是，他在电脑公司学了一年多，出来后搞网吧、电脑维修这类的工作。做了一两年网吧，他又感觉太烦恼……在没办法的情况下打算转搞艺术设计。但是，没有相关专业知识的他又开始徘徊了！又有朋友建议他继续往电脑维修这方面发展。嗨！小王真的不知道自己的路应该怎么走下去。

思考：请您结合人生选择的基本知识，为小王的人生选择出个主意。

3. 请结合马克思主义哲学关于世界物质统一性的基本原理，谈谈进行人生选择的具体根据。

4. 请同学们查一查以下成语的意思和出处，指出这几个成语的异同，并谈谈这几个成语与从客观实际出发的哲学观点的关系。

自知之明、不自量力、量力而行、妄自菲薄。

第二节　物质运动与人生行动

一、物质的根本属性和存在方式

世界不仅是物质的，而且是运动的。运动是物质的根本属性和存在方式；运动是绝对的，静止是相对的。辩证唯物主义的物质观和运动观是联系在一起的。物质世界之所以千姿百态，多种多样，正是因为运动是其内在的根本属性。

（一）运动是物质的根本属性和存在方式

运动是物质的根本属性，它是标志一切事物、现象及过程的变化的哲学范畴。运动包括位置的移动、数量的增减、形式的转换、性质的变化，以及联系关系的变化等。所以，运动就是一般变化，而不是具体变化。这正如恩格斯所说："运动，从它被理解为存在方式，被理解为物质的固有属性这一最一般的意义来说，囊括宇宙中发生的一切变化和过程，从单纯的位置移动直到思维。"所以，作为一般变化的运动和各门具体科学所讲的运动是不同的。各门具体科学所讲的运动是指物质运动的具体形式，如机械运动、物理运动、化学运动、生物运动、社会运动等，而辩证唯物主义所讲的运动是对各种具体运动形式的概括。

运动是物质的根本属性和存在方式，世界上一切事物和现象都通过运动而存在，也只有通过运动才能够存在。

第一，世界上任何物质形态都在不停地运动，脱离运动的物质是没有的。从自然界到人类社会，从物质到精神，从无机界到有机界，从宏观世界到微观世界，都处于运动变化之中。

知识拓展

在宏观世界，地球以每秒29.8公里的速度绕太阳公转，由于地球的自转，使赤道附近的人能够"坐地日行八万里，巡天遥看一千河"。在微观世界，已发现的300多种基本粒子，都以运动的形态存在着、变化着。在生物有机界，每个生物个体都进行着新陈代谢、同化异化的过程，每一个生物物种也都经历着产生、发展和灭亡的历史。迄今为止，人类社会已经经历了原始社会、奴隶社会、封建社会、资本主义社会、社会主义社会几种社会形态，即使将来实现了共产主义社会，人类社会仍要继续运动发展。人们的思维能力也在不断深化，随着社会实践发展，人们将越来越深刻地认识客观事物。

第二，世界上的任何运动也离不开物质，脱离物质的运动是没有的。从最简单的机械运动到复杂的社会运动和思维运动，都离不开运动的主体，并且所有的运动主体都是物质。比如，机械运动的主体是宏观物体，物理运动的主体是分子、原子、原子核和场等，化学运动的主体是原子、粒子、原子团等，生物运动的主体是蛋白质和核酸等，社会运动的主体是处在一定生产方式中的人，思维运动的主体是人的大脑。总之，各种运动形式的承担者都是物质。世界上不存在没有物质的运动。脱离物质的所谓"纯粹"运动是没有的。正如恩格斯所说："物质是一切变化的主体。"

总之，运动是物质的根本属性。物质离不开运动，运动也离不开物质。物质只有通过运动才能够存在，运动也只有依赖于物质载体才能够是实在的，物质和运动永远不可分割。离开物质讲运动的观点是唯心主义观点，离开运动讲物质的观点是形而上学观点。

知识拓展

在历史上，有些唯心主义并不直接否认运动，但却认为运动的主体是精神而不是物质。客观唯心主义把运动的主体归结为某种客观精神。中国古代宋朝时期的朱熹认为，超然于万有之上、广大无边的"理"不仅充塞宇宙，而且是运动不息的。他说："此理之流行，无所适而不在。""此理自无止息时，昼夜寒暑无一时停。""理""动而生阳，静而生阴"，才产生了世界万物。德国的黑格尔承认一切都在运动，但在本质上仅仅是"绝对观念"在运动，自然界和人类社会就是由所谓"绝对观念"的运动产生的。主观唯心主义把运动的主体归结为人们的主观精神。中国古代明代王阳明的弟子钱绪山认为主观意识是宇宙的本体，运动在本质上就是意识的运动。他说："充塞天地间只有此知，天只此知之虚明，地只此知之凝聚，鬼神只此知之妙用，四时日月只此知之流行，人与万物只此知之合散，人只此知之精粹也。"就是说，世界万物的运动都是由这个"知"所决定的。

形而上学唯物主义承认世界的物质性，但却离开运动来考察物质，看待物质。它认为，物质世界是绝对静止，永远不变的。如果说有什么变化，那也只是数量的增减和场所的变更，而没有质的飞跃，同时，它还认为，这种数量增减和场所变更的原因不是在事物的内部，而是在事物的外部，即在于外部力量的推动，例如，18世纪法国的唯物主义者霍尔巴赫说，所谓运动，乃是一种外力，某物体借此力之助而改变或倾向于改变自己的位置，换言之，意即改变自己对其他物体的距离。正因为形而上学唯物主义把运动的原因归结为外力的推动，因而就无法正确解释物质世界最初是怎么动起来的问题。例如，牛顿在说明天体运动的发生发展时，用万有引力定律说明了宇宙间各种天体的运动状况，他认为一切行星和卫星在有了一个初始速度后，由于万有引力的作用，它们可以沿着固定的轨道不断运行。但是，这个初始速度却是"精通力学和几何学的上帝"所给予的切线力的推动，因此，牛顿认为，物质的根本特性是"惰性"，没有外力推动，自己不会运动。他说："没有神力之助，我不知道自然界还有什么力量竟能促成这种横向运动。"这样，牛顿就由形而上学的唯物论，陷入宗教唯心主义。

运动是客观的、普遍的、永恒的、无条件的、绝对的，正因为如此，这个世界才是这样的精彩，这样的千变万化、千姿百态和纷繁复杂。没有运动的世界是不可想象的。然而，世界上的任何事物又具有相对静止的一面。所谓相对静止，是说静止是运动的特殊状态，是在事物的绝对运动过程中出现的暂时的、有条件的平衡和稳定。

事物的相对静止表现在三个方面：其一，在整体运动中，某一物体相对于另一物体在位置方面没有发生变化，处于相对稳定状态。其二，任何事物在它产生之后，消亡之前处于量变阶段，没有发生根本性质的变化。其三，在同样的条件下，同类事物的运动规律重复出现、稳定不变。

承认事物的相对静止，对人们的认识活动具有很重要的意义。由于事物的相对静止，才使得事物具有确定的形态和性质，人们才能把不同形态的物质和不同的物质特性区别开来，从而认识和利用不同质的事物。如果事物不具有相对的静止、暂时的平衡，那么，它就是无法认识、无法捉摸的东西。

运动是绝对的，静止是相对的，绝对运动和相对静止相互联系、相互贯通。在绝对运动中包含着相对静止，在相对静止中又有着绝对运动。动中有静，静中有动，任何事物都是绝对运动和相对静止的统一体。没有事物的绝对运动，就没有它产生、发展和灭亡的历史；没有事物的相对静止，就没有它相对稳定的性质。

知识拓展

光子处在永不停息的高速运动中，连静止质量也没有，可是，在整个光的运动过程中，光子始终是光子，这就是它相对静止的一面。一种 s（读艾普西隆）粒子仅能存在 10 的负 20 次方秒，比"一瞬间"还不知要短多少亿万倍。可是，在这难以想象的极其短暂的时间内，它并没有衰变为其他粒子，这就是它相对静止的一面。太阳是一个直径约 140 万公里的巨大火球，每秒钟向四周辐射放出的能量有 3.82×1026 焦，其中到达地球的能量约占其总辐射量的 20 亿～22 亿分之一（全年合 5.74×1024 焦，这相当于现今地球上总发电量的 10 万倍）。地球生物圈中一切生命活动的原动力均来自太阳辐射能，就是这些能量使得地球上出现了生机勃勃的景观。太阳辐射量的变化和地球接受太阳辐射量的变化是影响生物圈正常活动的最大因素，而导致地球接受太阳辐射量改变的主要原因是太阳系公转引起的轨道位置的变化和太阳、地球相对位置的变化以及太阳活动相对强度的变化。

（二）时间和空间是物质运动的存在形式

空间是运动着的物质的广延性或伸张性。就一个具体事物来说，所谓广延性或伸张性就是指它存在的规模、位置、体积、距离以及事物之间的分离状态和并存关系。空间的特征是三维性，就是说任何运动着的物质只能按照长、宽、高三个方向广延和伸张。立体几何是研究空间特性的科学。

时间是指运动着的物质的持续性和顺序性。持续性是讲事物运动过程的久暂；顺序性是讲事物总是一个从过去到现在、从现在到将来的运动过程，这个顺序是不可颠倒的，也是不可跳跃的。所以，时间的突出特点是一维性即不可逆性，所谓"时乎时乎不再来"讲的就是这个意思。

空间、时间和运动着的物质是不可分割的。就是说，空间和时间离不开运动着的物质，运动着的物质也离不开空间和时间。没有离开物质运动的空间和时间，也没有离开空间和时间的物质运动。

同运动着的物质的不可分割的联系，说明了空间和时间同样具有客观的性质。所谓空间、时间的客观性就是指空间、时间是不依赖于人们的意识而客观存在的东西。人们的时空观念不过是对客观存在着的空间和时间的反映。承认空间和时间的客观性，也就坚持了唯物主义的时空观。

知识拓展

唯心主义从意识第一性、物质第二性的基本观点出发，否认空间和时间的客观性，把空间、时间看成精神、观念的产物。德国主观唯心主义哲学家康德认为，空间和时间是人们头脑里固有的先天认识形式。人们通过这种先天的形式，去感知事物，才给事物以空间和时间的特性。英国的马赫主义者毕尔生则断言："我们不能断定空间和时间是真实存在，因为它们不是存在于物中，而是存在于我们感知物的方式中。"客观唯心主义哲学家黑格尔把空间和时间看作"绝对观念"的产物，认为是"绝对观念"派生出了自然界以后，才产生了空间；不过，这时还没有时间，只是由于"绝对观念"进一步派生出了人类社会以后，才有了时间。

空间、时间是客观的，也是无限的。空间的无限性是指物质运动在广延性方面的无限性。宇宙间任何一个具体事物的广延性都是有边际的，而由无数具体事物及其相互联系构成的整个宇宙的广延性是至大无外，至小无内，是没有边际的。所谓时间的无限性，是指物质世界在持续性方面的无限性。任何一个具体事物的持续性是有始有终的，而由无数具体事物及其相互联系构成的整个宇宙的持续性是无始无终的。马克思主义哲学关于空间和时间无限性原理的实质在于确认不断发展的物质世界在质和量的多样性上具有不可穷尽性。

掌握辩证唯物主义的时空观，对于我们的学习、工作和生活具有重要的指导意义。任何人都生活在一定的环境中，因此，任何人都应当具有科学的空间和时间观念，一切以时间、地点和条件为转移，根据不同的环境条件和事物发展的不同的阶段性特征去安排自己的学习、工作和生活。由于时间具有一维性和不可逆性，因而，我们就应当懂得"一寸光阴一寸金，寸金难买寸光阴"的道理，十分珍惜时间。特别是当今世界科学技术的迅猛发展，使生活的空间缩小了，时间的节奏加快了，我们更应当不失时机地努力学习，努力工作，为我国社会主义现代化建设和人类进步事业多做贡献。

（三）物质运动的规律性

世界上的事物和过程，表面上看来千头万绪、杂乱无章，实际上任何事物都是有秩序的，都遵循着自身运动的规律。所谓规律，就是事物、现象间本质的、必然的、稳定的联系。从这一定义出发可以看出，规律具有以下特点：

第一，规律是事物的普遍联系。它对同一领域和所处条件相同的事物都起着决定的、支配的作用。

知识拓展

力学中的惯性定律，就普遍地适用于一切物体，无论什么物体，在它所受的外力的合力为零时，都要保持其原有的运动状态不变；遗传变异规律，在生物自然界就普遍地发生作用，任何一个生物物种都受到它的制约；在社会领域中，生产关系一定要适合生产力状况的规律也具有普遍性，它对于人类社会的发展起着决定的作用。

第二，规律是事物的本质联系。只有本质的联系才能决定事物的根本性质，才能称之为规律，而所谓本质的联系即是事物内在的基本的联系，外在的非基本的联系即现象间的联系是不能称之为规律的。

地球上春夏秋冬四季交替、白天黑夜昼夜循环井然有序，而决定这些有序变化的则是地球和太阳之间的既相吸引又相排斥的本质联系。在地球和太阳既相吸引又相排斥的过程中，地球绕太阳公转和自转轴倾斜，才有了春夏秋冬四季更替，而地球绕太阳自西向东自转，才有了白天和黑夜的昼夜循环。从古到今，人们的社会关系不断地发生着变化，但这种变化是由生产方式内部的生产力和生产关系之间的本质联系决定的。没有社会物质生产的发展，就没有社会物质利益关系的变化，进而，没有社会物质利益关系的变化也就没有社会政治关系和思想关系的变化。

第三，规律是事物的必然联系。规律和必然性是同等程度的范畴，它们都表示事物内部矛盾所规定的确定不移、一定如此的趋势。

知识拓展

飞翔在空中的鸟类、飞机以及其他一切物体，当它的动力消失时，必然沿着引力方向落到地面上来，这是地心引力规律作用的结果。一种社会形态，当它的经济制度、政治制度和意识形态不再适应生产力发展的需要，成为生产力进一步发展的桎梏时，它就一定为新的社会形态所代替。

第四，规律是事物的稳定联系。事物、现象是千差万别、变动不居的，规律则是其中变中不变的东西，是变动不居的现象中稳定的东西。稳定性又体现为重复性，只要具备一定的条件，合乎规律的现象就必然出现。

知识拓展

生物自然界的现象形形色色、丰富多彩，但它们都体现新陈代谢、同化异化、遗传变异的规律。商品的价格可以经常变化，但是，在这经常变化的价格现象中最稳定的东西是价值。商品的价格是价值的表现。

以上规律的四种特点是并存的、不可分割的。本质的联系一定是必然的，而本质的、必然的联系一定是普遍的、稳定的联系。

规律是客观的。规律的客观性，就是指规律的存在和作用不以人的意志为转移，人们只能认识、掌握和利用规律，而不能随心所欲地创造规律或消灭规律，也不能违背规律。客观性是规律的根本属性。

【案例】武则天是中国历史上著名的女皇帝，自称"圣神皇帝"。民间传说，一日武则天在花园赏雪，忽然有花开的清香扑鼻而来，原来是腊梅开了。武则天大悦，下了一道御旨，令园中各花跟腊梅一样为她开放。百花仙子迫于武则天的权势，不敢违抗。只有牡丹仙子坚强不屈，拒不从命。第二天一大早，各处群花大放，真是锦绣乾坤，花花世界。仔细看去，只有牡丹含苞未开。武则天大怒，认为她平时对牡丹最厚，牡丹却如此负恩，传令将牡丹贬去洛阳。"所以天下牡丹，至今惟有洛阳最盛。"

自然界是有时有序的，花卉开放也各有其时，在不改变其他条件的情况下，让春、夏、秋、冬各种季节开放的花，同时开放，即使"圣神皇帝"也是办不到的。因为这样做违背了自然规律。然而在今天，人们通过科学研究，认识了百花的生长规律，懂得了花开取决于日照、温度，可以创造或破坏花开的条件，提前或延后花开。这并不是人为地改变了它们花开的规律，恰恰是在认识规律的基础上，利用规律为自己服务，让鲜花按照人们的愿望开放，让我们的生活更加绚丽多彩。

认识物质运动的规律，要注意区分自然规律和社会规律的不同特点。比较地说，自然规律的客观性容易被人们所理解，因为没有人的参加它也在起着作用。社会规律则不同，它是通过人的有意识的历史活动实现的，因此，在过去很长的历史时期内，人们把社会历史的发展看作是由人们的主观意志、思想动机决定的。事实上，社会规律的这种特点并不能改变它的客观性。因为人类社会是客观世界的一部分，社会发展的过程不是决定于人们的主观意志，而是决定于它的内在的基本矛盾，特别是决定于生产力和生产关系的矛盾运动。

二、通过积极行动实现人生成功

（一）人生行动及其特点

人作为物质存在的一种具体形式，也是运动、变化、发展的。人的运动、变化和发展存在于、实现于人生行动中。人生行动是人们运用自己的体力和智力去改造环境，创造物质财富和精神财富的社会性的客观物质过程。人生行动包括多方面的内容，学习、工作、家庭、交友等都需要通过实际行动。不过，无论什么样的人生行动，都具有以下一些基本的特征：

第一，客观性。人生行动是现实的物质过程，这不仅是因为构成人生行动的基本要素是客观的，而且，它还受到各种客观条件的制约。人生行动的基本要素包括行动的主体、行动的对象和行动的手段，这些都是客观的、现实的存在。人生行动本身就是客观存在的人运用客观存在的工具去改变客观存在对象的原有存在状态，使其适合自身需要的过程。另外，人生行动不是随心所欲的，还要受到客观存在的自然条件、社会条件、人的体力和智力条件的制约。

第二，自觉性。人生行动受到意识的支配，是自觉的行动。就是说，人们的行动都是有目的有计划的，人们不仅知道自己在做什么，而且也知道怎样做，为什么而做，做的结果是什么，这种结果对自己的发展和周围环境会产生什么影响，自己对这种结果要负什么责任，它有哪些经验可以总结，又有哪些教训应当汲取等。这说明，人生行动是可控的，不可控制的行动不是自觉的行动，它不仅不利于自己的发展，而且对社会、对他人也会产生消极的影响。

第三，社会历史性。人生行动要受到社会历史条件的制约：首先，人们以自己的行动创造了社会，也以自己的行动体现出社会性的本质，任何人都具有社会性，任何人都生活在一定的社会环境中，离开了社会，人就不能把自己同一般动物区分开来；离开了一定的社会关系，纯粹孤立的个人行动既不存在，也没有任何意义。其次，人生行动是历史的发展的，在人生的历程中，理想是贯彻始终的，它是旗帜、是方向，也是极大的激励力量，但是，实现理想的行动却可以在不同历史阶段具有不同的内容和特点。

【案例】获得"全国模范检察官""湖南省优秀共产党员""群众最喜爱的检察官"等荣誉的陈运周，参加工作28年，不管是做基层检察员，还是担任检察院党组副书记、副检察长等领导职务，陈运周始终恪尽职守、秉公执法、勤勉无私、清正廉洁，先后参与和组织指挥查办了一大批职务犯罪大要案。甚至在身患重症生命进入倒计时后，依然牵挂正在办理的案件，询问"案子怎么样了?"

打铁还需自身硬。陈运周以一身正气，两袖清风，真正做到了"常在河边走，就是不湿鞋。"他虽家境贫困，但从未用手中的权力为家人、亲朋谋取任何私利。"不葬回老家、不收礼金、不给组织添麻烦"是他的临终遗言。

陈运周用实际行动诠释了一名基层政法干警忠诚、为民、公正、清廉的价值追求和崇高品质，他那种艰苦奋斗、不畏困难、无私奉献的精神值得我们永远学习。

思考：中等职业学校的学生处于人生的青年阶段，请说说自己在这个阶段上的行动特点是什么。

(二) 人生行动的影响因素

影响人生行动的因素很多，概括起来，可分为三个方面，一是个体因素，二是社会因素，三是自然因素。

首先，影响人生行动的个体因素包括个人身体健康状况、个性心理特征、知识水平、思想道德品质等。

身体健康是人生成功的最重要的资本，是学习科学知识、追求事业成功、打造幸福家庭的基础。如果一个人或体弱多病，或肢体器官损伤、缺失，其行动一般都会受到某种限制。毛泽东号召青少年要做到"三好"，把"身体好"放在首位，其道理就在这里。

个性心理特征是个体身上经常表现出来的本质的、稳定的心理特征，主要包括气质、性格和能力。个性心理特征对人生行动具有非常重要的影响作用。

气质是个体心理活动和行为的动力特征，是影响人们知觉速度、情绪和动作反应快慢的因素。

性格是人对现实的稳定态度和习惯化的行为方式中所表达出的具有核心意义的个性心理特征，它不仅影响人们对待学习的态度和行为方式，也影响人们对待社会、集体、他人的态度和行为方式，还影响人们对待自己的态度和行为方式。

能力是在人生行动中形成和发展起来的完成某项任务、达成活动目标所必须具备的个性心理特征，是直接影响活动效率和活动结果的最重要的内在因素。

其次，影响人生行动的社会因素包括宏观的社会环境和微观的社会环境。人们都生活在一定的社会环境之中，其人生行动必然要受到社会的各种复杂因素的影响。从宏观上说，主要是受到一定社会经济制度、政治制度、文化传统等的影响。在不同的社会经济制度、政治制度、文化传统条件下，人们经济关系、现实需要、社会诉求不同，因而，其人生行动的内容和方式也就具有很大的差别。今天，中国特色的社会主义经济、政治、文化建设与社会主义和谐社会建设，为广大青年的人生行动提供了极为广阔的空间，同学们一定要努力避免狭隘自私、尔虞我诈等陋习的影响，一定要关注人生，服务社会，努力提高科学文化水平和专业能力，提高思想道德素质和法律素质，准备着为建设富强、民主、文明、和谐的社会主义国家奉献自己的青春年华。

影响人生行动的微观因素包括家庭、学校、社区、亲戚、朋友、同事等。人们都生活在社会大环境中，但也更为直接地生活在微观的社会小环境中。社会小环境中的人际关系、价值观念及其成员的兴趣爱好和知识素养等对于人生行动都具有不可忽视的作用。

【案例】孔融，字文举，东汉曲阜人也。孔子二十世孙，泰山都尉孔宙次子。融七岁时，某日，值祖父六十寿诞，宾客盈门。一盘酥梨，置于寿台之上，母令融分之。融遂按长幼次序而分，各得其所，唯己所得甚小。父奇之，问曰：他人得梨巨，唯己独小，何故？融从容对曰：树有高低，人有老幼，尊老敬长，为人之道也！父大喜。

在复杂的社会环境因素中，文化环境是影响人生行动的更为深刻的因素。人的一生都要受到自己民族文化的熏陶，民族文化影响人的价值观念、道德意识和审美情趣等，进而对人生行动产生影响作用。中国文化博大精深，源远流长，它所包含的刚健有为、贵和尚中、厚德载物、天人协调等文化传统激励着华夏子孙，成为中华民族屡经劫难而不屈并坚强地自立于世界民族之林的精神脊梁。今天，我们建设中国特色社会主义文化，就是要营造一个催人奋进、助人成长的良好的社会氛围，尤其是要培育有理想、有道德、有文化、有纪律的新一代公民，就是要引导人们正确认识共产主义远大理想和现阶段共同理想的关系，更加坚定对中国特色社会主义的信念，以高尚的思想道德鞭策自己，脚踏实地为中华民族的伟大复兴而不懈努力。

最后，影响人生行动的自然环境因素是指人们赖以生存和发展的各种自然因素的总和，包括大气、水系、动物、植物、土壤、矿藏等。

人具有社会属性，也具有自然属性。人作为自然的产物，是自然界的一部分，因而其人生行动不可能不受到自然环境的影响。自然环境通过影响人们的行为内容和行为方式，也影响人们的心理特征。在不同的自然环境条件下，人们具有不同的行为内容和行为方式，因而也具有不同的心理特征。自然环境发生了变化，人们的行为内容、行为方式和心理特征也会发生这样那样的变化。

既然人的生存和发展要依赖自然，离不开自然，那么，在我们的人生行动中一定要适应自然，善待自然，按照自然的规律改变自然，努力实现人与自然的和谐，努力建设美丽中国，实现中华民族永续发展。

【案例】 爱因斯坦小时候做梦都想成为像帕格尼尼那样伟大的小提琴演奏家。他一有空就练琴，可是连他的父母都觉得这个可怜的孩子拉得实在太蹩脚了，完全没有音乐的天赋。一天，爱因斯坦去请教一位老琴师。琴师说："孩子，你先给我拉一首曲子吧。"他拉的是帕格尼尼24首练习曲中的第三首，简直破绽百出。一曲终了，老琴师沉吟片刻问他："你为什么特别想拉小提琴呢？"他说："我想成功，想成为帕格尼尼那样出众的小提琴家。"老人又问："那你拉琴快乐吗？"他回答："我非常快乐。"老琴师把爱因斯坦带到自家的花园，对他说："孩子，你现在非常快乐，说明你已经成功了，对不对？你拉小提琴是为了成功，获得快乐，而现在你已经是这样，又何必非要成为帕格尼尼那样伟大的人呢？你看，世界上有两种花，一种花能结果，一种花不能结果，可它们同样美丽，比如玫瑰，比如郁金香，它们在阳光下开放，虽没有任何明确的目的，但这也就够了。"

老琴师的这番话，让爱因斯坦恍然大悟。在后来的日子里，他不再对拉小提琴那么狂热了，只把它当做调节生活的一种方式。20年后，他成了名扬天下的物理学家。

人生行动要受到各种主客观因素的制约，如果爱因斯坦不顾自身的先天条件，一味地蛮干，他将一事无成。在行动中，我们不但要有一往无前的拼搏精神，也要运用自己的智慧，审慎地判断各种主客观因素，扬长避短，选择正确的行动方向，这样才能一步步踏上成功的快车道。

（三）人生存在于行动之中

个体因素、社会因素、自然因素制约着人生行动，人们又通过自己的行动不断地突破这些制约，创造着自己的生活，历练着自己的人生。

人生，无论是成功还是失败，它都存在于行动之中。要成就成功的人生，就必须行动。人生的理想、目标只有通过人的行动才能实现。不采取行动，只是把理想当成渲染自己的空洞口号，或者只是沉湎于纸醉金迷的物质生活，就会一事无成，就会失去真正属于人的存在的实际价值。

【案例】 在古老的森林里，阳光明媚，鸟儿欢快歌唱，辛勤劳动。其中有一只寒号鸟，有着一身漂亮的羽毛和嘹亮的歌喉。他到处卖弄自己的羽毛和嗓子，看到别人辛勤劳动，反而嘲笑不已。冬天就要到了，好心的鸟儿提醒他说："快垒个窝吧！不然冬天来了怎么过呢？"

寒号鸟轻蔑地说："冬天还早呢，着什么急！趁着今天大好时光，尽情地玩吧！"

就这样，日复一日，冬天眨眼就到了。鸟儿们晚上躲在自己暖和的窝里安乐休息，而寒号鸟却在寒风里冻得发抖，它悔恨过去，哀叫未来："哆嗦嗦，哆嗦嗦，寒风冻死我，明天就垒窝。"

第二天，太阳出来了。沐浴在阳光中的寒号鸟好不得意，完全忘记了寒夜的痛苦，又快乐地歌唱起来。好心的鸟儿又一次劝他："快垒个窝吧，不然，晚上又要冻得发，抖了。"寒号鸟嘲笑地说："不会享受的家伙。"

寒夜在北风呼叫中又来临了，寒号鸟又重复着昨天晚上一样的故事。就这样重复了几个晚上，大雪突然降临，鸟儿们奇怪怎么没有了寒号鸟的叫声呢？

太阳一出来，大家寻找一看，寒号鸟早已被冻死了。

思考：得过且过是人生之大害。想一想，自己应怎样克服懒散怠惰的思想。

人生行动是物质力量和内在精神的统一，是物质力量的外化过程，也是内在精神、道德力量的展示过程。行动是人生的起点，人生的历程要从这里起步，人生理想、目标的实现，都必须通过实实在在的行动；行动是人生的基本内容，要使自己的生活更加充实，就必须刻苦地学习和勤奋地工作，为社会创造财富做出贡献；行动是人生的老师，只有在行动中，才能认识和感悟人生，获得人生的智慧和能力，成为敢于挑战自我、挑战生活的勇士。

【案例】16岁的王钦峰初中毕业时没有考上高中，就选择了去一家汽车配件厂打工。不甘于一辈子做普通工人的王钦峰也有一个拥抱未来的强烈愿望。学识的浅薄没有能够阻断他的求知之路，低微的工资也没有粉碎他的"技术梦"。他如饥似渴地学习机械制图、电子电路、线路板设计知识，硬是在三年的时间里把这些技能"啃"了下来。

王钦峰喜欢钻研，至今他已累计完成四十多项工艺革新。他研制的防弧电路，破解了国内轮胎模专用电火花机床烧结难题；他独立设计的轮胎模专用三坐标测量仪、电火花去死锥机床等28项新产品，填补了国内相关领域的空白；他研制的无阻电源，使机床节能达48%，每年可为企业节约电费、材料费等共300多万元。

王钦峰是人生行动的强者，现在的王钦峰已经从普通工人成长为一名优秀工程师。他不仅是公司的十大股东之一，拥有过千万元的股份价值，还是"全国五一劳动奖章""全国劳动模范""中国青年五四奖章"获得者。

思考：为什么王钦峰会成为"中国青年五四奖章"获得者？你是怎样在学习和生活中挑战自己的？

一分耕耘，一分收获。古今中外，大凡获得人生成功的人无一不是行动的强者，而那些在人生历程中的失败者，大多都是语言的巨人，行动的矮子。

三、人生要敢于行动，善于行动

敢于行动，善于行动是成功者的基本品质，也是人生成功的基本要求。

人生需要理想，需要智慧，也需要勇敢。在人生历程中，机遇和挑战并存，凡是具有选择决断之勇气、一往无前之气概、坚持到底之精神的人，大多能够到达成功的彼岸。没有勇敢的精神，则将一事无成。

【案例】阿尔弗雷德·伯纳德·诺贝尔是瑞典化学家、工程师、发明家、军工装备制造商和炸药的发明者。他不仅具有渊博的学识、严谨的态度，还具有无所畏惧的勇敢精神。诺贝尔是炸药的发明者。在四年里，他进行了四百次试验，发生了好几次惊险的爆炸事件：有一次，整个实验室都炸飞了，弟弟和其他的四个助手被当场炸死，父亲也由于惊吓、伤心而半身瘫痪，他自己因为不在现场，得以幸免。许多人劝他别再搞这冒险的事，他却说："创造新事物哪能不冒危险！"周围的居民因为爆炸已深感恐惧，向他提出强烈抗议，向政府控告他，不准他在市区里试验。诺贝尔就把试验仪器搬到马拉伦湖中的一条船上，继续试验，终于获得了成功。诺贝尔取得了成千上万的科研成果，成功地开办了许多工厂，积聚了巨大的财富。在即将辞世之际，他立下遗嘱："请将我的财产变做基金，每年用这个基金的利息作为奖金，奖励那些在前一年为人类做出卓越贡献的人。"根据他的这个遗嘱，从1901年开始，具有国际性的科学界最高奖项贝尔奖创立了。

思考：在人生行动中，你是怎样挑战自我的？

敢于行动就要立即行动。日月如梭，人生短暂，既然理想、目标已经确定，就应当毅然决然，从零开始，勇敢地迈出第一步，然后一步一步地去践行自己的誓言。西方谚语这样说："有四种东西永远不能挽回：说出去的话、射出去的箭、消逝的时间和错过的机会。"如果不能立即行动，总是在原来的地方徘徊，只能消磨自己的意志，使自己逐渐失去信心。

敢于行动就要敢于创新，敢于走别人或自己没有走过的路。创新可以提升人生的价值，丰富人生的内涵。要创新，就要敢于探索新的领域，就要有所发明，有所发现；要创新，就要以超人的胆略，勇敢拼搏，经得起困难和挫折的考验。面对挫折和困难，如果投机取巧、贪图捷径，或者半途而废，那只能是人生的悲哀。

知识拓展

挫折，是指个人在从事有目的的活动过程中，遇到干扰和障碍，致使目的不能实现，需要不能满足的情绪状态。人的一生会遭遇不少挫折，主要是生活的坎坷、学业的中断、工作的困难、失恋的痛苦、病痛的折磨、朋友的背叛等。造成挫折的原因是多方面的，总的来说，可分为客观原因和主观原因两个方面。就客观原因来说，包括自然原因和社会原因。自然原因包括地震、海啸、水灾、旱灾等，社会原因包括政治、经济、风俗习惯、宗教信仰、社会风尚、道德法律、文化教育的种种约束等。一般而言，人们对自然原因导致的挫折反应较轻，而对社会原因导致的挫折反应较为严重。造成挫折的主观原因包括个人的生理和心理素质。个人身高、容貌、经济状况、能力、社会地位、疾病以及某些生理缺陷所造成的限制。

对于人生，挫折是磨难也是财富。它迫使人寻找失败、困难的原因，可以给人带来教益和收获，带来成熟、理智和坚强。所以，19世纪法国伟大的批判现实主义作家巴尔扎克说："挫折就像一块石头，对弱者来说是绊脚石，使你停步不前；对强者来说却是垫脚石，它会让你站得更高。"

在巨大的不幸面前，曹雪芹倾注满腔心血于《红楼梦》，写出了这本传世不朽的经典；在巨大的打击面前，贝多芬坚持不懈地创作出一首首悦耳而震撼人心的乐曲，至死仍告诫自己：要扼住命运的喉咙。在巨大的困难面前，张海迪用惊人的毅力学完了多种语言，为社会做出了不可磨灭的贡献。面对挫折，他们选择了勇敢，选择了坚毅，因而也就选择了成功。

敢于行动还要善于行动。善于行动就是要学会做事，既要达到预定的目标，又要提高行动的效率；既要使个人满意，又要令别人赞赏；既要符合当前的需要，又要有利于长远的发展。

首先，善于行动，最重要的是要从实际出发，按照客观规律办事。从实际出发就要了解实际，按照客观规律办事，就要认识规律、掌握规律。而要了解实际，认识和掌握规律，就要深入实际，调查研究，摆正自己的位置，发挥自己的作用，走好人生的每一步。在人生道路上，违背了客观实际，表面上看似轰轰烈烈，其结果只能是凄凄惨惨；无视客观规律的强制作用，破坏了事物发展的正常秩序，到头来只能把事情弄得更糟。

其次，善于行动，就要有精心、周到的准备。在人生道路上，无论干什么事情，都要有充分的准备，都要根据事情的难易程度做好物质、技术准备，找到正确的途径和方法，估计行动结果可能产生的影响，要有应对突发事件的心理准备。凡事预则立，不预则废。只有准备得精心、周到，才能较为完美地干好每一件事情。人生的成功只垂青有准备的人。

再次，善于行动，就要抓住主要问题，解决主要矛盾。在人生发展的每一个阶段，都有很多需要解决的问题，这些问题有主有次，对人生发展的影响有大有小，要提高人生的质量，就应当善于抓住主要问题，解决主要矛盾，并用解决主要的矛盾和问题去带动次要矛盾和问题的解决。

最后，要善于行动，就要善始善终。做事情要有好的开头，也要有好的结尾。路要一步一步地去走，事情要一件一件地去做。在人生发展的道路上，要按照时间的顺序和实际的需要去规划自己的行动，而对于每一个行动都要力求得到好的结果。虎头蛇尾不可取，半途而废更糟糕。

体验与探究

1. 吕蒙是三国时期吴国人，自小未曾读书，没有文化，别人都看不起他，称他"吴下阿蒙"。他因此发愤学习，终成饱学之士。人们对吕蒙的进步十分惊讶，吕蒙笑道："士别三日，当刮目相看。"毛主席曾经高度评价吕蒙道："吕蒙如不折节读书，善用兵，能攻心，怎能充当东吴统帅？我们解放军许多将士都是行伍出身的，不可不读《吕蒙传》。"

思考："士别三日，当刮目相看"，这个典故说明了什么道理？

2. 慧能，佛教禅宗第六代祖师。《坛经》记载了一个关于他的故事。慧能和尚到广州法胜寺去的时候，正好赶上印宗法师在这里讲《涅槃经》，和尚们都在寺门内坐着静心听讲。忽然一阵风，把悬挂在佛像前面的幡吹动了，飘过来，飘过去。有两个和尚看见了，议论起来。一个和尚说："你看，风在动。"另一个说："不对，那不是风在动，而是幡在动。"是风动还是幡动，两个人争论不休。慧能听到了，便插嘴说，"那既不是风动，也不是幡动，而是你们的心在动。"

思考：慧能和尚的话对不对？错误在哪里？

3. 猴子以顽皮而著称，一般说来不会有人担心它不蹦不跳。但有一段时间，峨眉山旅游管理中心的工作人员却为那里的猴子不"玩"而发愁。原因是游客经常把自带的食品、饮料扔给猴子吃，猴子们吃饱喝足，倒头大睡，缺乏必要的锻炼，结果造成体重超标，有的重达 80 多斤，有的得了肥胖症，患了高血压、心脏病，本来天性顽皮的猴子却不再顽皮。管理中心的工作人员不得不采取措施，如禁止游客把自带的食品、饮料扔给猴子，工作人员定时敲锣喂食，保证其充分的活动时间，并合理搭配饮食，以便重新让猴子"玩"起来。

思考：物质的运动是有规律的，物质运动的规律具有客观性。把握规律的客观性对人生发展有何重要意义？

4. 高尔基早年丧父，11 岁开始独立谋生，他当过鞋店学徒，在轮船上洗过碗碟，在码头上搬过货物，给富农扛过活。他 16 岁那年，抱着上大学的愿望来到喀山，但理想没有实现，喀山的贫民窟与码头成了他的社会大学。他无处栖身，与人共用一张床板。在码头、面包房、杂货店到处打工。后来，因接触大中学生、秘密团体的成员及西伯利亚流放回来的革命者，高尔基的思想发生了很大的变化。他开始阅读革命民主主义和马克思主义著作，直至参加革命活动。在革命者的引导下，他摆脱了自杀的精神危机。喀山的 4 年使他在思想、学识、社会经验方面都有了长足的进步。

思考：行动是人生最好的老师和最宝贵的财富，为什么？

第三节　自觉能动与自强不息

一、意识和意识的能动性

人是自然的存在物，也是社会的存在物，还是意识的存在物。那么，什么是意识，意识和物质的关系是怎样的，弄清楚这些问题，对人生具有重要的意义。

知识拓展

在马克思主义哲学产生之前，在意识和物质的关系问题上，唯物主义和唯心主义曾经进行了长期的争论。唯心主义认为，意识是不依赖于物质、产生物质、决定物质的东西。主观唯心主义把人的意识归结为"心灵的自由创造"，是先天就有的；客观唯心主义认为，人的意识是"绝对观念"的自我认识（如黑格尔）或上帝的启示（如美国的人格主义者布莱特门说，思想是上帝"灌输"给人们的）。

马克思以前的唯物主义者对意识的起源问题，曾经根据当时科学的发展水平，提出了不少合理的命题，并做出了一些具有积极意义的论证，驳斥了唯心主义关于意识是不依赖于物质的独立本体的荒谬说法，如古代朴素唯物论者把意识看成是某种精神的物质。德谟克利特认为，灵魂（即意识）是由圆形的、能动的原子组成的。我国东汉时期的王充把肉体和精神的关系看成是薪（柴）和火的关系，并肯定精神、意识是肉体作用的结果。他说："人之精神藏于形体之内。"18 世纪法国唯物主义者爱尔维修说，人脑中产生的现象和表象是从物质的现实派生出来的，而人的肉体结构则决定着他们的精神生活。19 世纪德国的唯物主义者费尔巴哈说："自然界是不依赖于人的思维而客观存在的，人本身是自然界的产物。""存在是主体，思维是宾体。思维是从存在而来的，然而存在并不来自思维。"由于科学和认识的局限，旧唯物主义并不真正了解意识和物质的关系问题，因为它至多把意识看成自然发展的产物。

（一）物质对意识的决定作用和意识对物质的能动作用

在物质和意识的关系问题上，马克思主义哲学认为物质决定意识，意识反映并能动地作用于物质。

物质对意识的决定作用，表现在意识的起源和本质上，而且表现在意识的作用上。

就意识的起源来说，马克思主义哲学认为，意识是物质世界长期发展的产物，是自然界长期发展的结果，是社会劳动的产物。就意识的本质来说，马克思主义哲学认为，意识是人脑的机能，是客观存在的主观映像。就意识的作用来说，马克思主义哲学认为，意识作用的产生、意识作用的大小、意识作用的发挥都是由物质运动及其规律决定的。

意识对物质的能动作用是通过人们认识世界和改造世界的活动实现的。正确的意识对人们认识世界和改造世界的活动起着积极的促进作用，错误的意识对人们认识世界和改造世界的活动起着消极的阻碍作用。

正确把握物质和意识的辩证关系，就应当在人生行动中，既不要毫无根据地胡思乱想，也不要消极无为地适应自然，而应当把自己的一切行动都建立在对客观实际正确认识的基础上，并根据正确的认识能动地改造自然、改造社会、改造自我。

（二）意识的能动性

人类意识的能动性或主观能动性是人能动地反映世界，又能动地改造世界的能力。具体地说，意识的能动性主要表现在以下四个方面：

第一，意识活动的目的性和计划性。人们在反映客观对象时，总是基于实践的需要带着一定的主观倾向和要求，抱着一定的动机和目的。人们活动中预定的蓝图、目标、活动方式和步骤等，都具体体现着人的目的性和计划性。这些是任何动物所不具备的。

知识拓展

动物在影响自然界时，表面上看起来似乎有某种目的和计划，但实际上，它们的行为都不过是遗传而来的本能，并不明白自己活动的意义。成年水獭能用自己的尖牙利齿在水边筑起堤坝。然而，人们把一只幼獭关在笼子里，在它身边放一些泥土，等它长大时，它也会忙忙碌碌自动筑起堤来，尽管在笼子里筑堤是完全不必要的。人的活动就不同了。人能够意识到自己的活动与客观事物的关系，预见自己活动的结果，制订行动的计划，并在实施计划的过程中适时地纠正行为的偏差。即便是离开动物不远的原始人类，其行为（如制造石器、磨制骨针、开垦荒地、集体狩猎等）也都具有明显的目的性和计划性的特征。

第二，意识活动的主动创造性。意识对世界的反映，是一个能动的创造性过程。意识不仅能反映事物的外部现象，而且能够由感性认识上升到理性认识，反映事物的本质和规律。它不仅能够"复制"当前的对象，而且能够追溯过去，推测未来，在头脑中创造一个理想的或幻想的世界。科学想象就是意识创造性的重要表现。

知识拓展

科学想象的本质特点在于科学性，它源于经验事实，又高于经验事实，因而能够突破时间、空间的限制，把理智的目光投向未知世界，作出超越经验和推理的概括。

从古至今，想象一直是科学的先导，没有大胆而"离奇"的想象，就不能激起人们探索未知世界的激情，更不可能有科学上的新发现和技术上的新发明。人类在几千年前就梦想着能够像雄鹰那样翱翔天空。无论是中国敦煌石窟中的飞天壁画、西汉时期的插翅"飞人"、东方民族的"嫦娥奔月"和一个筋斗能飞十万八千里的孙悟空，还是西方那些头戴翼帽、脚登飞鞋、身上长满翅膀的古希腊神和宇宙之神们，都翔实地记叙了古代人类为搏击长空、飞向蓝天而作出的勇敢探索和大胆想象。正是这些在今天看似"幼稚可笑的幻想"，诱发了人们的灵感，洞开了现代人类"飞天"智慧之路，实现着宏伟的航天工程。

第三，意识活动对生理活动的控制作用。科学发展提供的越来越多的事实证明，人的心理活动一方面依赖于人体的生理过程，另一方面又积极作用于人体的生理过程。人们为了达到某种目的，可以通过意志、信念、情感等对人的生理活动进行调节，从而激发或抑制人们的行动。

知识拓展

关于意识活动或心理活动对人体生理和病理的作用，人类早就有所认识：我国传统医学的理论和实践，在这方面有着独特的贡献。春秋初期政治家管仲说："忧郁生疾，疾困乃死。"战国时期的荀况说："乐易者长寿长，忧险者常夭折。"所以，在中国，从古至今的人们都懂得这样的道理，那就是"愁一愁，白了头；笑一笑，十年少"，以及"怒伤肝，喜伤心，烦伤胃，悲伤肺，忧伤脾"。拥有健康的人生，既要有健康的身体，又要有健康的心理。

第四，意识的能动性突出地表现在对于客观世界的改造上。意识的能动性不仅限于从实践中形成一定的思想，形成活动的目的、计划、方法等观念性的东西，更重要的在于以这些观念的东西为指导，通过实践把观念的东西变成为客观现实。

自从地球上出现了人的意识以来，我们周围的世界已发生了巨大的变化，愈来愈成为"人化"了的自然：地球的各个角落，遍布着人类的足迹，大至山河土地，小至生产、生活以及生产、生活的用具，到处都有劳动的双手加工制作的东西。今天，人类活动的范围已冲出地球，飞向遥远的天体，在日益广阔的宇宙空间显示着自己的威力。所有这一切，都凝结着人类意识的劳作。

上述意识能动性的表现，只是人们目前所能认识到的部分。意识能动作用的潜力远未穷尽。随着实践的发展，意识的能动作用将会越来越充分地展现出来。

（三）意识能动作用实现的途径

人的意识是一种精神的、观念的力量，要使它得到实现，变为现实的物质的力量，就必须通过正确的途径。

首先，要对意识的能动作用有个恰当的估计。只有恰当估计，既不夸大也不缩小，才能得到正确的发挥。过与不及都不能达到预期的目的。

其次，要懂得发挥意识能动作用的根本途径是人们的社会实践。人的意识是一种精神力量，要使它变为物质力量，就不能只在观念的范围内兜圈子，而必须通过人们的实践活动。只有通过实践活动，才能使人们的观念、意识得以实现。人的意识正是通过实践而能动地认识世界，又正是通过实践能动地改造世界。

再次，意识的能动作用能否得到正确的发挥，是以能否遵从物质运动的客观规律为前提的。只有从客观实际出发，建立在客观实际基础上的思想，才是正确的思想；只有在正确思想的指导下，符合客观规律的行动，才是正确的行动，才能达到人们预想的目标。

最后，意识能动作用的发挥，还依赖于一定的物质条件和物质手段。认识世界是这样，改造世界也是这样。人们对客观世界的认识程度，是同物质技术条件的发展水平密切相关的。

要认识宏观天体，就需要有天文望远镜、光谱分析仪、航天探测器等观测设施；要认识微观世界，就需要有微观粒子探测器、基本粒子加速器等技术设备。一般地说，科学探测、观测设备越是先进，人们的认识水平也就越高。人们的认识能力同认识工具的水平是正比发展的。改造世界的活动依赖于一定的物质手段，也是不言而喻的。常言说，"巧妇难为无米之炊"。没有现实的原材料，人的意识无论如何也创造不出物质的东西来。有了可供改造的物质资料，还必须依据一定的物质条件，凭借一定的物质技术手段，如工具、机器等。只有这样，才能使观念的东西转化为物质的东西。

（四）主观能动性与客观规律性的关系

主观能动性与客观规律性的关系体现在人们的认识和实践活动中。

首先，在人们的认识和实践活动中，尊重客观规律是正确发挥主观能动性的前提。只有认识了客观规律，按照客观规律办事，才能正确有效地发挥主观能动性。无视客观规律的制约作用，从而违背客观规律，能动性发挥得越充分，给社会主义现代化建设和人们的工作、学习、生理、心理带来的损害就越大。

【案例】青少年学生正处于长身体的时期，如果违背生理活动的规律，不知饥渴、不分昼夜地泡网吧，其对身体的危害是极大的。网吧空气污浊，烟味、食物味、汗臭味，味味俱全；网吧噪音繁杂，机器声、打闹声、脏话声，声声刺耳；网吧卫生、环境条件极差，严重影响身体健康。所以一般玩通宵电游的网迷走出网吧时，眼睛涨红，蓬头垢面，两腿发软，形似骷髅。由于玩游戏时精力高度集中，伴随着血液加速、心跳加快，人的体力、精力消耗很大。某市学生曾强，一连泡吧十几天，视力由 1.2 下降到 0.2。某县一名 13 岁小学生从家里偷出 300 元钱在网吧玩电游连续 4 天 4 夜，由于网络游戏的强烈刺激和惊心动魄的打斗，游戏者血压身高，心跳过速，又加上过度疲劳，最后猝死网吧。

思考：站在人生发展的角度，谈谈对网络游戏的认识。

其次，在人们的认识和实践活动中，认识客观规律和利用客观规律又必须发挥主观能动性。规律作为事物内部的、必然的、稳定的联系，是不会自动反映到人们头脑中来的。要认识规律，就必须发挥主观能动性，在实践的过程中了解事物的各种现象和联系，并对其进行认真的分析和研究；要利用规律达到改造客观世界的目的，也需要发挥主观能动性进行艰苦的实践活动，在实践中把握具体事物的特点，找到解决具体问题的办法。

尊重客观规律和发挥主观能动性辩证统一的原理，具有重要的现实意义。在社会主义现代化建设和各项工作中，我们必须把发挥人的主观能动性与尊重客观规律结合起来，把高度的实践热情与科学的求实态度结合起来。

人生的意义是在发挥自觉能动性过程中实现的。在人生行动中，既要有自觉、积极、主动的态度，又要按求真务实的要求，坚持正确的价值取向，从国家、民族和人民的利益出发，做好每一项工作，办好每一件事情。

二、自信自强对人生发展的作用

（一）自信及其对人生发展的作用

自信就是自己相信自己，使个体对自己所具有的现实力量持积极肯定的心理状态。自信表现为精神振奋、踏实肯干、意志坚决、富有魅力。自信是人的主观能动性的表现，是人生最珍贵的宝藏之一，它可以激发人的潜能，产生出强大的精神力量。充满自信的人，能够开发出藏在深处的巨大潜能，能够使自己的能力水平得到极大的提升，使许多看来"不可能"的事情变为可能。充满自信的人，能够果断地抓住机遇，勇敢地迎接挑战，坚强面对艰苦的人生。大凡成功的人士，都有着自信与积极的人生态度。如果失去了自信，就会使人看不到人生的远景，对一切事情都漠不关心，甚至会干出蠢事来。

【案例】人只要充满了自信心，就可能战胜困难而获得胜利。这是德国精神病学专家林德曼用亲身实验证明了的。林德曼认为，一个人要对自己抱有信心，就能保持精神和肌体的健康。1900 年，德国举国上下都关注着独舟横渡大西洋的悲壮冒险，已经有一百多名勇士均因失败而葬身大海。林德曼推断，这些遇难者主要的是死于精神上的崩溃，而非体力上的不支。为了验证自己的观点，他不顾亲友反对，亲自进行了试验。1900 年 7 月，林德曼独自驾着一叶小舟驶进了波涛汹涌的大西洋，开始了一项历史上从未有过的心理学实验，准备着牺牲自己的生命。在航行中，林德曼遇到了难以想象的困难，多次濒临死亡，他的眼前甚至出现了幻觉，运动感觉也处于麻木状态，有时真的要绝望了。但只要这种念头一出现，他马上就大声自责："懦夫，你想要重蹈覆辙而葬身海底吗？不，我一定能成功！"终于，他胜利渡过了大西洋。

尼克松是美国的第 37 位总统，就是这样一个大人物，却因为一个缺乏自信的错误而毁掉了自己的政治前程。1972 年，尼克松竞选连任，由于他第一个任期内政绩斐然，所以大多数政治评论家都预测尼克松将以绝对优势获得胜利。然而，尼克松本人却很不自信，他走不出去过去几次失败的心理阴影，极度担心再次出现失败。在这种潜意识的驱使下，他鬼使神差地干出了后悔终生的蠢事——指派手下人潜入竞选对手总部的水门饭店，在对手的办公室里安装了窃听器。事发之后，他又连连阻止调查，推卸责任，在选举胜利后不久便被迫辞职。本来稳操胜券的尼克松，因缺乏自信而导致失败。

思考：你是不是对自己充满着信心？谈谈自信与自卑、自傲的区别。

（二）自强及其对人生发展的作用

自强是自力自主、努力向上、奋发进取，对美好未来无限憧憬和不懈追求的精神状态。自强是中华民族的传统美德，是支撑中华民族自立于世界民族之林的一种精神、信念和境界，是流淌在中华民族文明血管中生生不息的血液。中国人民在中国共产党的领导下，发扬自强不息的精神，独立自主，自力更生，经过艰苦卓绝的斗争，完成了新民主主义革命，建立了新中国，实现了民族独立、人民解放；在帝国主义封锁、禁运、制裁的恶劣国际环境中，完成了社会主义革命，确立了社会主义基本制度，实现了中国历史上最广泛最深刻的社会变革，取得了社会主义建设的伟大胜利；党的十一届三中全会以来，我们总结我国社会主义建设经验，同时借鉴国际经验，发扬自强不息的精神，解放思想、实事求是、与时俱进、开拓创新，以巨大的政治勇气、理论勇气、实践勇气实行改革开放，经过艰辛探索，形成了党在社会主义初级阶段的基本理论、基本路线、基本纲领、基本经验，建立和完善社会主义市场经济体制，坚持全方位对外开放，推动社会主义现代化建设取得举世瞩目的伟大成就，发展了中国特色的社会主义。

自强是人生的必须具备的品德。自强使人能够具有"先天下之忧而忧，后天下之乐而乐"的责任意识，具有"富贵不能淫，贫贱不能移，威武不能屈"的浩然正气，具有"千磨万击还坚韧"的毅力，具有在竞争中自立自主、敢为人先、追求创新的精神。

自强是人生进取的强大动力。自强让一个人活出尊严，活出个性。具有自强品德的人，志存高远，执着追求，面对困难不低头，面对挫折能进取，自尊自爱，不卑不亢，勇于开拓，敢于创新，积极进取，无私奉献。自强对人生行动的驱动力量是不可忽视的。

自强是一种战胜困难，破解难题的坚韧精神。有了这种精神，就能找到开启智慧的钥匙；有了这种精神，就能找到克服惰性和挖掘潜力的良方；有了这种精神，就能破解前进道路中的各种难题。

三、培养自信、自强的精神

自信、自强是当代青年应具备的重要心理品质，培养自信、自强的心理品质是每一个青年人都要做好的功课。

（一）自信自立，直面人生

自信才能够自立，自信自立才能够勇敢地面对人生。一个人要拥有自信自立的品质，需要具备多方面的条件，满足多方面的要求。

自信自立需要乐观的积极向上的人生态度。大凡成功的人士，都有着乐观的积极向上的人生态度。他们始终以饱满的激情拥抱生活，坦然地面对困难，努力去克服困难，即使遇到挫折，也不悲观失望，怨天尤人。而消极悲观的人恰恰相反，他们往往对环境和自己产生错误的认知，因而没有勇气面对复杂的环境，也没有胆量去挑战自己，总认为成功离自己十分遥远，于是自信心随之消失。

自信自立需要有对自己的正确认识。自信的真正含义就是要实事求是地认识自我。"人贵有自知之明。"无论何人，都既要看到自己的优势，也要看到自己的不足，这样，在学习和工作中才能扬长避短，取得好成绩。同学们要正确地认识自我，就要将自己置于客观环境和集体之中，思考客观环境对人们的普遍要求以及周围的人们对自己的态度和评价，从而在自己的心目中形成客观的自我形象，使自己达到自信而不骄傲，谦虚而不自卑的境界。

自信自立需要知识的积累和能力的提高。自信是实力的体现，要有实力就必须有知识、有能力。我们常说艺高人胆大，就是说，人们认识问题和解决问题的能力是同他们的知识水平、知识结构以及实际操作经验成正比的。知识水平越高，实践经验越丰富，对事物的判断就越准确，对问题的解决就越正确。自卑和犹豫不决总是同知识和能力准备不足联系在一起的。

【案例】小泽征尔是世界著名的交响乐指挥家，他具有非常扎实的交响乐指挥的理论功底和丰富的指挥经验，因而，总是对自己的职业活动充满着自信。在一次世界优秀指挥家大赛的决赛中，他按照评委会给的乐谱指挥演奏，敏锐地发现了不和谐的声音。起初，他以为是乐队演奏出了错误，就停下来重新演奏，但还是不对。他觉得是乐谱有问题。这时，在场的作曲家和评委会的权威人士坚持说乐谱绝对没有问题，是他错了。面对一大批音乐大师和权威人士，他思考再三，最后斩钉截铁地大声说："不！一定是乐谱错了！"话音刚落，评委席上的评委们立即站起来，报以热烈的掌声，祝贺他大赛夺魁。

原来，这是评委们精心设计的"圈套"，以此来检验指挥家在发现乐谱错误并遭到权威人士"否定"的情况下，能否坚持自己的正确主张。小泽征尔因充满自信而摘取了世界指挥家大赛的桂冠。

思考：为什么小泽征尔总是对自己的职业活动充满着自信？怎样培养自信自立精神？

自信自立需要依赖集体。孤独使人自卑，合作使人自信。个人是组成集体的细胞，集体的发展离不开每个成员的努力，而集体是个人生存的依靠，是个人成长的园地。任何个人都生活在一定的集体之中，个人的学习、工作和生活离不开集体。集体中的同学、同事既是竞争的对手，又是合作的伙伴。集体的团结与合作使每个人的能力能够得到充分的发挥，能够给每个人以鼓舞和信心。

自信自立需要成功的激励和挫折的磨炼。人生的成功与否，固然与外部环境有关。但是，更与自我激励有关，与自己的成功意识有关。而成功意识又来自于成功的行动。成功使人产生成就感，使人相信自己的能力，从而产生自我激励的力量，去追求更为高远的行动目标。自信还需要挫折的磨炼。人的成长不可能是一帆风顺的。没有经历过挫折的人，很难立足于这个社会，很难在遭遇失败后重整旗鼓去成就一番大事。因为他们没有品尝过失败

的滋味，没有应对困难的经验。所以，挫折虽给人以痛苦的折磨，但挫折又使人成熟、坚强和自信。

（二）自强不息，奋斗不止

顾名思义，所谓自强不息，就是自己自觉地努力向上，永不松懈、永不停息的意思。美好的有意义的人生是靠辛勤的劳动和汗水换来的，意志薄弱、懒散怠惰者只能虚度光阴。

自强不息需要自尊自爱。自己尊重自己、爱护自己，是珍惜和爱护自己的人生的表现。为此，就要树立人生理想，做个品德高尚、知识丰富、有能力有智慧、身体力行注重实践的人，认认真真地做好每一件事，用实实在在的行动证明自己的实力，绝不能心无志向自轻自贱。自强不息需要自信自立。要确立自力更生的观念，把争取个人利益和幸福，放在自己努力的基础上。要对自己充满信心，相信自己能通过努力学习和道德修养，在社会上干出一番事业，从而受到他人和社会欢迎；相信自己能够战胜困难和挫折，掌握自己的命运，主导自己的人生。自信自立不是搞自我封闭，而是要相信同学和同事，相信他们的能力，争取他们的帮助，密切与他们的合作。信任也是自信自立的表现，不相信别人，没有合作精神是不够自信也不能够自立的表现。

自强不息需要自我勉励。要自己勉励自己，自己鼓舞自己，自己激励自己，把软弱看作是自己最大的敌人，把自己看作是自己人生的发动机，特别是在遇到困难和挫折的时候，不沮丧、不退缩、不气馁，要用过去取得的成就证明自己，用未来的希望召唤自己，调动自己整个生命中蕴含的活动能量，去进行人生的创造。

自强不息需要自省自责。自省要求反省自己，自责要求检讨自己。"人贵有自知之

明"，"吾日三省吾身"是做人的美德。人生道路有成有败、有得有失。要认真分析失的原因，反省自己行动的目标是否恰当，行动的方法是否合理，行动的态度是否端正。不怨天、不尤人，不把个人的挫折归因于环境，不把不称心的事情移怒于人，要勇于承担责任，主动地纠正错误。自强的人，必是勇于自省自责的人；勇于自省自责的人，才能做到自强。

自强不息需要坚持不懈。成功在于坚持。要成就自己的人生，就应当具有"咬定青山不放松"的毅力和勇气。盯住一个目标，认准一个方向，干出一番事业，即使遇到了困难和挫折也不放弃已经开始的事业。

【案例】无论干什么事情，都会透视出这样一个道理：成于坚持不懈，毁于半途而废。被称为"茶明星"的孟乔波所以能够成功，靠的就是"一条路走到底"的耐心和韧劲。

1987 年，14 岁的孟乔波因家境贫寒而辍学。为了能让自己有口饭吃，就在湖南益阳的一个小镇卖茶，1 毛钱一杯。因为她的茶杯比别人大一号，所以卖得最快。17 岁时，她把茶摊搬到了益阳市，改卖当地传统的风味"擂茶"。初来乍到，生意冷清。后来，她又使用比同行大了一圈的碗，一碗可以卖 3 至 5 元。而且，她比别人多了一份耐心，多了几个心眼，配制出多种不同口味的擂茶，让每一碗茶都能喝出独特的风味。不久，她的小生意又做得比别人红火。20 岁时，她把茶摊办到了省城长沙。24 岁时，她已经拥有 37 家茶庄，遍布于包括长沙、西安、深圳、上海等在内的全国许多大中城市。30 岁，她的最大梦想实现了。"在本来习惯于喝咖啡的国度里，也有洋溢着茶叶清香的茶庄出现，那就是我开的……"说这句话时她已经走出国门，把茶庄开到了香港和新加坡。

自强不息需要创新精神。创新是一个民族、一个国家、一个团体发展的不竭之力，也是自强不息的最显著标志，是自强不息精神的升华。创造力是每一个人都有可能发展的一种能力，认为只有少数人才具有创造力的看法肯定是错误的。在这个世界上，处处是创造之地，人人是创造之人。只要有知识，有深邃的洞察力，只要不拘陈规，就一定能够发现别人没有发现的新东西，走出一条别人没有走过的路来。

体验与探究

1. 18 世纪英国经验主义哲学家贝克莱在其《人类知识原理》一书中提出了"存在就是被感知"的著名论断。他认为，知识起源于感觉，知识的对象就是观念。我们所能知道的只是观念，而不是观念之外的事物。外在事物是"一些观念的集合"，离开了感觉或经验的"纯客观存在"是不可理喻的。

思考：请你结合自己学过的马克思主义哲学的有关原理分析贝克莱这一观点的含义和实质。

2. 美国哥伦比亚号航天飞机失事，7 名宇航员罹难，美国总统布什和夫人出席了追悼仪式。布什在简短讲话中对每一位宇航员表示敬意，他说，7 名宇航员的牺牲是个悲剧，但他们是为人类古老的理想而死，他们明知巨大的风险仍然"愉快地接受了任务"，他们牺牲在"发现的旅途上"。他说，尽管遭受如此重大的损失，"美国的航天事业仍将继续"。这一事例让我们意识到失败是在所难免的，要想避免失败，战胜困难，唯一的选择便是发挥出自己的主观能动性。

思考：根据所学知识，谈一谈你对在自己的人生道路上发挥主观能动性的体会。

3. 乐广曾经有一个很亲密的朋友，分别很久了没有再来，乐广不知什么原因，就前去探望这位朋友，并问他为什么不来走一走。那位朋友说："前次在您的酒席上，您让我喝酒，我端起酒杯刚想喝，就看见酒杯中有一条小蛇，心里非常讨厌，喝完那杯酒，就病了。"乐广觉得这不太可能，忽然想起来上次喝酒时，墙上挂着一张角弓，弓上用漆画着一条蛇，乐广猜想酒杯中的蛇就是角弓的影子。于是，乐广便邀那位朋友又一同到前次喝酒的地方喝酒，仍然让那位朋友坐那天坐的座席。端起酒杯，乐广对那位朋友说："你在酒杯中又看见了蛇没有？"那位朋友回答说："所见和前次一样。"乐广便把事实真相告诉了那位朋友，那位朋友豁然开朗，解开了心中的疑虑，病马上就好了。

思考："杯弓蛇影"的故事体现的哲学观点是什么？这个成语对你有什么启发？

4. 什么是自信与自强？自信与自强对人生发展有何重要的作用？

第二章　用辩证的观点看问题，
树立积极的人生态度

教学目的

使学生了解辩证法和形而上学相互对立的主要表现，把握事物普遍联系、变化发展、辩证矛盾的观点和方法，及其对树立积极的人生态度的重要意义。

教学要求

认知：理解事物普遍联系和变化发展的观点、矛盾的普遍性和特殊性辩证关系的基本原理以及矛盾是事物发展的动力的观点，把握营造和谐的人际关系的正确原则，以及正确对待人生矛盾，树立积极向上的人生态度对人生发展的重要意义。

情感态度观念：尊重他人、和谐相处，正视矛盾、乐观进取，不惧挫折、积极向上。

运用：处理好人与自然、人与社会、人与人之间的关系，正确对待自身成长中的矛盾和问题。

第一节　普遍联系与人际和谐

一、用普遍联系的观点看问题

（一）联系的客观性和普遍性

在哲学中，联系是一个基本概念，它涵盖了事物或现象之间、事物内部因素之间一切相互联结、相互依赖、相互作用、相互影响的关系。联系的观点是唯物辩证法的一个总特征。名唯物辩证法认为，联系的基本特征包括客观性、普遍性和多样性。事物联系的客观性是指联系是事物本身所固有的，就是说，事物之间的联系既不是任意的，也不是偶然的，它不以人的意志为转移；人们关于联系的观念是对于客观存在着的联系的反映。联系的普遍性包括两重含义：一是指世界上一切事物、现象和过程都不能孤立的存在，都与周围其他事物、现象和过程这样那样地联系着，整个世界是由种种联系构成的统一整体，每个具体事物都是这个统一整体的一个部分和环节；二是指任何事物、现象和过程内部的各个部分、要素、环节、成分又相互联系、相互作用着。世界上没有哪一种事物不处于联系之中，没有联系就没有事物，没有联系就没有世界。联系的多样性是指事物之间的联系不是单一的，而是纷繁复杂的。从联系的基本类型来看，包括自然界事物之间的联系、人类社会不同事物之间的联系以及人与自然和人与社会之间的联系；从表现形式上，我们可以把联系划分为有直接联系与间接联系、内部联系与外部联系、本质联系与非本质的联系、必然联系与偶然联系、可能的联系与现实的联系；等等。不同的联系会对事物的发展产生不同的影响。

【案例】达尔文在论述生物进化论时，曾经提到他的一项著名而有趣的发现——"食物链"。他观察到，在养猫越多的地方，羊也可以养得越多。但是猫和羊又有何相干呢？原来羊吃的有一种三叶草，这种草是靠丸花蜂来授粉的，而田鼠为吃这种蜜蜂往往会破坏蜂巢，所以，田鼠多了，蜂就少了，从而三叶草传粉的机会也就越少。相反，养猫越多，田鼠越少，丸花蜂也就也多，三叶草也就获得好收成，三叶草越多，牧草充足，羊的数量自然也就越来越多了。因此，"猫—田鼠—九花蜂—三叶草—羊"之间就形成了一根相互联系的食物链。

"食物链"所揭示的生物界相互联系、相互制约的规律告诉我们，有许多看起来风马牛不相及的事物，实际上却存在着千丝万缕的联系，因此，我们不能撇开事物之间的联系孤立地考察问题。

思考：请再举几个例子说明事物联系的普遍性。

知识拓展

唯物辩证法把普遍联系和永恒发展看作是物质世界的一切事物、现象的辩证本性。唯物辩证法用联系、发展、全面的观点看问题，认为世界上一切事物都处在普遍联系和永恒发展之中，事物的内部矛盾是推动事物发展的根本动力。联系的观点和发展的观点是唯物辩证法的基本观点和总特征，矛盾的观点是唯物辩证法的根本观点，对立统一规律是唯物辩证法的核心规律。

形而上学是与唯物辩证法根本对立的世界观和方法论，它用孤立、片面、静止的观点看问题，认为事物之间是互不联系、彼此孤立的。形而上学一般否认事物的发展变化，认为即使有变化也只是数量的增减、位置的移动和单一的重复，而不会有质的变化。形而上学还否认事物的内部矛盾是事物发展的源泉和动力，把事物发展变化的原因归结为外部力量的推动。

（二）联系的条件性

联系的多样性和条件的复杂性是密切相关的，具体地分析事物联系的多样性，必须研究条件问题。所谓条件，就是指同某一事物相联系的、对事物的存在和发展发生作用的要素的总和。世界上任何事物都处于普遍联系之中，任何具体事物都是有条件的，总是在一定条件下才能产生，在一定条件下才能发展，又在一定条件下趋于灭亡，因此，任何具体的联系都依赖于一定的条件，随着条件的改变，事物之间以及事物内部各因素之间联系的性质和方式，也要发生变化，这就是联系的条件性。一切以时间、地点和条件为转移。离开条件，一切都无法存在，也无法理解。

唯物辩证法之所以坚持一切以时间、地点和条件为转移的观点，是由条件本身的唯物辩证的性质决定的。

（三）普遍联系的方法论意义

普遍联系的观点是唯物辩证法的基本观点之一，是我们观察和处理人生问题的基本方法，它要求我们：第一，要用普遍联系的观点看问题。在认识事物的过程中，把个别事物从普遍联系中抽取出来加以单独的、分别的研究是必要的。但是，在研究个别事物的时候，却不能忘记它同周围其他事物的相互依赖、相互作用、相互制约的关系。就是说，看问题不能只见树木，不见森林，顾及一点，不及其余。青年学生在人生成长中应该积极参与社会活动，在与他人的交往中增长自身才干和素质，防止以自我为中心和独来独往。

知识拓展

《吕氏春秋·察今》有这样的记述："有道之士，贵以近知远，以今知古，以所见知所不见。故审堂下之阴，而知日月之行，阴阳之变；见瓶水之冰，而知天下之寒，鱼鳖之藏也；尝一脔肉，而知一镬之味，一鼎之调。"

第二，要从整体上把握事物的联系，处理好局部和整体的关系。认识和处理问题既要认真对待每一个局部的细节，重视个体对整体的意义，又要善于从大局出发，把局部问题放在整体的联系中去认识和解决。充分认识到集体在个人人生发展中的重要作用，也要充分认识到个人对集体和社会的重大价值。

第三，必须摒弃形而上学的思维方式。形而上学就是用孤立、静止、片面的观点看待世界、观察问题的世界观和方法论。形而上学否认事物之间的普遍联系，在绝对不相容的对立中思维，"是就是，非就非，除此以外都是鬼话"。用这种思维方式看待问题，就难以避免以偏概全的错误，把问题简单化、表面化，得不出正确的认识。

【案例】有个书呆子从古书上读到"蝉翳叶"的故事，信以为真，就四处寻找，把蝉躲藏处的树叶全部摘下，拿回家遮脸做试验，问妻子能不能看见他。妻子气愤说看不见。他就拿这片树叶去街上行窃，被抓后说："我一叶障目，你们能看见吗？"

思考：你有没有犯过"一叶障目"的错误，为什么？

二、用普遍联系的观点看待人际关系

（一）人际关系的内涵

人际关系就是人们在生产或生活活动过程中所建立的一种社会关系，是人的社会联系的基本形式，一般体现在人与人的相互交往之中。具体来讲，人际关系就是人们在社会生活中通过物质和精神的交往实践而建立起来的人与人之间的社会关系。人际关系在人类社会的形成和发展进程中起到重要的推动作用。

人际关系对于人一生的发展极为重要，它不但是人的基本社会需求，而且通过人际关系还可以达到自我实践与肯定，甚至可以检验自我的社会心理是否健康。同世界上一切事物的普遍联系一样，社会生活中的人际关系是无处不在的。每个人都生活在纵横交错的"人际关系网"中，离开了与他人的人际交往，单个的人就无法生存和发展。人际关系是通过人们的人际交往来体现和确证的。

知识拓展

人际交往作为人与人之间交换物质、能量、信息的行为，是人类的基本生存活动形式，在社会生活领域中有着广泛的需要并发挥着促进个性形成、满足心理需要、交流信息、形成人际关系等多种多样的功能。

在人类社会的形成过程中，正是伴随着人们分工和交往的出现，人类文明才得以向前发展。由于分工和相互交往的出现，世界各地的人们逐渐从地域性的生产扩大为世界范围内的生产，世界市场也在这一过程中逐渐形成。人们之间的交往关系不断制度化、规范化，随后社会制度开始形成。不仅如此，人们的社会交往也是推动社会不断前进的巨大力量。伴随着人们交往深度的延伸和广度的扩大，全球经济、社会、文化、产品日益向全球化发展，世界正在逐渐融为一体。

（二）人际关系的特征

人际关系作为人类社会的重要特征之一，具有广泛性和复杂性的特征。

人际关系伴随人类终生。随着科学技术的不断发展以及经济全球化的不断推进，人与人之间联系的范围越来越大，彼此交往的时空距离越拉越近，广阔的世界逐渐成为一个小小的"地球村"。人们通过亲属关系、朋友关系、同学关系、师生关系、雇佣关系、战友关系、同事及领导与被领导关系等彼此联结在一起，并不断向更大的范围辐射，由此，人际关系的广泛性可窥一斑。

人际关系又是复杂多变的。在广泛多样的社会联系和社会活动中，人们充当不同的社会角色，再加上每个人的思想、背景、态度、个性及价值观有各不相同，人际关系也因此表现为合作、竞争、吸引、排斥、服从和对抗等复杂的状态。我们在处理人际关系时必须坚持正确的原则方法，才能建立良好和谐的人际关系。

三、建立和谐的人际关系

（一）中国历史传统中的人际和谐

和谐是中华民族人文精神的基本理念和首要价值，是中华传统文化思想的精粹和生命智慧，是中华民族精神的体现，也是中华心、民族魂的体现，是人与自然、社会、心灵、文明之间的多样性的差别、冲突的协调、平衡、融合。总的来说，和谐是中华民族一以贯之的文化理念、文化实践和理想追求的总和。

知识拓展

《中庸》说："和也者，天下之达道也。"中国古代的大思想家孔子强调"和为贵"，把和谐作为其思想的最高目标；孟子说"天时不如地利，地利不如人和"，把"人和"作为战胜一切困难，克敌制胜的法宝。

和谐文化是中国传统文化的精髓，也是中华民族凝聚力的源泉，它把个人与他人、个人与群体、个人与人类作为一种文化关系，以和谐为纽带，有序地联结起来，成为"修身、齐家、治国、平天下"的行为规范。

中国传统文化讲修身，主张人通过修身，实现理想的人格和完美的精神境界，在自身修养的基础上，实现人际关系和谐。实现了人际关系和谐，就可以超越人际关系中狭隘的利益交换关系和急功近利倾向，人与人之间以诚相见，处在和谐、有序的关系之中。人际和谐不仅是人立身处世的根本，也是个人与他人、个人与群体、个人与人类和谐的基础。

中国传统文化讲治国，主张通过治国实现群体的和谐，通过群体和谐实现对国家的治理。人生活在群体中，要树立群体意识，人对群体应有责任感，要有义务观念和奉献精神。人"同群"，人也"能群"。一个人只有对群体做出贡献，才能获得群体的认同。

中国传统文化讲天人和谐即人与自然的和谐，认为人生于天地之间，与天地并立为而为三。人源于自然，又生存和发展于自然，人的理想目标是与天地万物为一体，这是天人和谐的理想境界。天人和谐必须以人类自身和谐为基础，因为人与自然和谐的实现，是天下全人类的共同行为，无论是合理开发、利用地球上的资源，还是人类生存环境的保护，都是天下全人类的共同行为，需要人类的共同行动、齐心协力。"夫大人者与天地合其德"，"仁者，以天地万物为一体"，天人和谐是三大和谐的最高理想境界。

作为和谐重要内容之一的人际和谐，是中华民族传统文化的宝贵资源。人际和谐的思想不但维护了中国古代文明的繁荣稳定，而且也是我们今天构建社会主义和谐社会，实现民族统一，增强民族自信心和自尊心，增强民族凝聚力和综合国力的内在要求，是我们处理人际关系所应秉持的基本原则。

（二）人际和谐的内涵与原则

从本质上讲，人际和谐是人们在一定生产方式基础上，通过社会实践逐渐达成的，以爱心、良心和责任心为前提，友爱互助、分工合作，解决矛盾、协调利益，各尽其能、各得其所，共生共赢、积极向上的人与人关系的祥瑞样态或理想境界，人际和谐是社会和谐的基础。但需要指出的是，人际和谐既不是不分是非、不讲原则、彼此讨好的"一团和气"，也不是回避、掩盖矛盾和问题、息事宁人的"得过且过"。作为新时期的青年学生，我们所要面对的主要是处理好人际关系，努力实现人际和谐。

在营造和谐的人际关系的过程中，应遵循以下交往原则：

第一，平等原则。和谐的人际关系应该是平等的关系。追求平等、公正是人类的一种道德诉求，是和谐社会的重要特征。我国长期以来在物质分配上就有"不患寡而患不均，不患贫而患不安"的心理追求。平等关系就是无论性别，无论职业，无论做官还是为民，无论官大还是官小，作为人类社会的一员，都是平等的，没有高低贵贱之分。我国宪法规定"法律面前人人平等"，在社会交往中也应该是人人平等。人与人之间需要摒弃不平等的心理和行为，需要解决好公平和公正问题。

第二，友善原则。和谐的人际关系应该是友善的人际关系。社会和谐的基本体现就是人的行为的和谐，倡导善行、贬斥恶行，社会成员用积德行善来规范和约束自己，在人与人的相处中体现出善心、爱心、关心。人做好事，即使做上一百件也还不够；做坏事，即使做上一件也很多了。坚持为善，切忌为恶，始终保持一颗善良的心。

第三，文明原则。和谐的人际关系应该是健康的、文明的，而不是庸俗的关系。和谐的人际关系绝不是不讲原则、不讲是非，不是和稀泥、一团和气，更不是虚情假意的虚伪关系。

人类社会本来就是一个复杂的系统，人们各方面存在差异，人与人之间存在矛盾，是正常的。没有差异，没有矛盾是不可能的，也不符合社会运行的规律。正是因为有差异、有矛盾，社会才在不断地缩小差异，才能在解决矛盾中进化、发展、前进。和谐的人际关系本质上就是在不同中求得和谐相处，在取长补短中求得共同发展。

第四，诚信原则。和谐的人际关系应该是诚信的关系。诚信是人与人相处的基本要求，是友爱的前提。没有诚信，人与人之间就不会有信任、理解，没有友好关爱，更无从谈社会和谐。儒家的诚信思想虽然建立在自然经济基础之上，但市场经济靠诚信支撑已是不争的事实。在经济生活中，每个交易者都有自己的权益，诚信是对双方合法权利的维护和尊重，对信用的破坏最终也会使自己的利益遭到损失。这就是西方人所说的：他骗了所有的人，最后他发现他被所有的人骗了。

和谐犹如一支优美的乐曲，只有高低音符相和才能鸣奏出一曲动人心弦、委婉流畅的和谐旋律。人际和谐不是要求千篇一律，而是建立在承认个体差别和分歧的基础之上的。"和而不同"理应是人际和谐的原本意义所在。

总之，人际和谐是不同个性的人们之间相互尊重、相互包容、相互帮助、团结一致、安定有序和共同发展的一种状态。在人际交往中，人与人之间在根本利益一致的条件下达到求同存异、和谐共赢是良好人际关系营造的重要条件。

（三）和谐人际关系的重要作用

人际关系的好坏反映了人们在相互交往中物质和精神的需要能否得到满足的一种心理状态。和谐的人际关系对人生发展具有重要的作用。人际和谐是每个人心理健康发展的需要。通过人际交往中所体现的人与人之间的关心、爱护、信任与友谊，能够使人的精神得到满足，从而促进人的心理健康；和谐的人际关系最大的功效在于能够培养人的积极向上的情绪和乐观开朗的生活态度；和谐的人际关系还有利于认识自我和完善自身，有利于增强自我的社会经验和知识，促进人们之间的信息交流和共享。

知识拓展

美国著名的心理学家卡耐基认为，未来社会成功源于30%的才能加70%的人际协调能力，甚至还有这样的显示，美国卡耐基教育基金会在对成功人士进行研究时发现，"和谐的人际关系是一种宝贵的财富"，"一个人成功15%要靠专业知识，85%要靠人际关系与处世技巧"。和谐的人际关系，对我们的生活、工作、学习的影响作用是显而易见的。

青年学生能正确处理人际关系，将会使自己的事业锦上添花。良好的人际关系还可以使你学到许多新知识。英国作家萧伯纳指出，良好的人际关系不但能交流信息，还能交流思想，如果你有一种思想，我有一种思想，彼此交换，我们每个人就有了两种思想，甚至更多。毫无疑问，更多的思想、宝贵的财富对于人生发展来说是不可或缺的条件。

【案例】小石通过公务员考试进入国家机关以后，拥有了一份令人羡慕的工作。但半年过去了，他发现单位的其他同事都不怎么和他交往，而且遇到什么事情的话，他们都愿意听从自己的部门的老同志的意见，原本在单位大展宏图干一番事业的小石此时倍感困惑！为什么大家都不喜欢和自己交往呢？为什么自己的领导压根都不重视自己呢？为此，他经常表现出烦躁、郁闷的情绪，在工作上也慢慢表现出懈怠的情绪，而且还时不时发脾气，结果，小石和其他同事以及领导的关系越来越紧张，最后，小石从人们艳羡的职位上辞职了。

思考：说一说，小李的问题出在哪里？这个问题怎么解决？

四、人际和谐与快乐人生

人是集自然属性与社会属性于一体的高级动物，人们不但要爱护自己所生存的自然环境以维护人与自然的和谐，而且必须爱护自己的人际交往环境以维护人际交往的和谐。对于我们每个人来讲，和谐的人际关系既是必要的，又是依靠自觉的意识营造的。对于我们青年学生来讲，和谐共赢的人际关系也是我们打开人生交往之门的"敲门砖"。树立正确而积极的交往态度，学会与人和谐交往，这样我们才能够建立纯洁而深厚的友谊，创造快乐的人生。

（一）营造和谐人际关系的必要条件

构建内涵丰富的和谐社会，关键是人，关键在人，人际关系的和谐是最基本的和谐。那么我们如何才能营造和谐的人际关系呢？

首先，树立积极主动的交往态度。在新的环境与人交往时，积极主动很重要。你不主动与别人交往，别人也不希望与你交往。主动交往，就是自觉投入社会生活中去，主动扩大自己的交往范围和社会关系，进而建立积极的人际关系。主动投入真诚友好的感情，是打开交往之门的第一把钥匙。

其次，坚持平等友好的交往原则。无论在哪个领域，每个人都希望得到别人的尊重。但要想得到别人的尊重，首先要尊重别人。俗话说，你敬人一尺，人敬你一丈。在交往过程中要保持一个平等友好的心态，相互学习、相互帮助、相互尊重。人人都是平等的。如果你趾高气扬、目空一切、居高临下，就很难形成平等、和谐的人际关系。

再次，学会做一个倾听者。倾听是一种沟通，也是一种艺术。对于遭遇心理问题的人们来说，倾诉无疑是一剂良方。现实生活中，谁都难免会遇到别人向自己倾诉的情况。遭遇倾诉其实是一件很幸运的事情，这说明了对方把你当做可以敞开心扉的人，通过倾诉，让他人时刻感受到你的关怀与理解，彼此之间就可以加深了解，关系会变得更融洽亲密。

最后，正确处理"舍"与"得"的关系。有"舍"才有"得"，欲"得"必先"舍"。人际交往应当是互利双赢的过程。你给人以真诚的微笑，人报你以灿烂的笑脸；你给人尊重，人还你以热诚；你给人以白云，人赐你以雨露；你伸出合作的双手，赢得的必然是热情的拥抱。如果在情感方面与人格格不入，在利益方面与人斤斤计较，就很难融入集体、社会的大家庭。

【案例】 清朝康熙年间有个大学士名叫张英。有一天张英收到家中来信，说为了争三尺宽的宅基地，家人与邻居发生纠纷，要他用职权疏通关系，打赢这场官司。张英阅读信后坦然一笑，挥笔写了一封信，并附诗一首："千里修书只为墙，让他三尺又何妨？万里长城今犹在，不见当年秦始皇。"家人接信后，让出三尺宅基地，邻居见了，也主动相让，结果成了六尺巷。这个化干戈为玉帛的故事流传至今。

思考：这个事很动人，请问，你是怎样处理"舍"与"得"的关系的？

人与人之间正常友好的交往是维持人际关系和谐的一个必不可少的条件。心理学家丁瓒教授曾指出："人类的心理适应，最主要的就是对于人际关系的适应。所以人类的心理病态，主要是由于这人际关系的失调而来。"心理健康的学生乐于与他人交往，能与人相处，能接受和给予爱与友谊，具有良好的人际关系；能同心协力，与人团结合作并乐于助人；能将个人融入集体之中，与集体保持协调的关系。如果长期将自己与他人孤立开来，不与人交往，或者对周围的人保持一种戒备心理，对人冷漠，不相信他人，甚至对人怀有敌意，或者是与集体格格不入，从不关心集体，心中只有自己，这些都是不健康的心理表现。

（二）快乐人生的真谛

"君子之交淡如水，小人之交甘若醴。"朋友就是自己的影子，多交"诤友""益友"，切忌交"狐朋狗友""酒肉朋友"。友谊应该建立在充分信任和平等之上，猜疑与自私是友谊之大忌。朋友相交贵在真诚。缔造快乐人生需要真正的友谊，而要拥有真正的友谊就要善于区别"益友"与"损友"。益友，就是一剂良药，能为朋友起到药到病除的作用。益友无法给予你财富，但是可以给你思想的启迪；益友不能陪伴你生活，有时会成为你前行路途上划破夜空的航灯。与益友相处，如入芝兰之室尽享芬芳，受此熏陶，我们也有可能在完善自己的同时，成为别人的益友。损友，就是一服麻药，能使朋友云里雾里、陶醉不醒，失去基本的辨识能力。损友，就是一支罂粟，是浸入朋友心灵的慢性毒药，那离灾难也不远了。损友给人们的工作、生活、经济、感情等方面带来的损失是毋庸置疑的。之所以在损后面还带着友，那是因为开始的交往一下子未曾认识，或者因为熟悉了碍于情面而未绝交。与损友的交往轻者浪费时间和金钱，重者可能会带来事业和情感的损害。

和谐的人际关系的培养还需要在交往中把握一定的尺度。作为青年学生，必须把握好友情与爱情的关系和界限。良好的人际交往会扩大青年学生的交际范围，提高青年学生的社会生存能力。与异性的交往要保持一定的距离，尤其是在校的青年学生。男女同学交往有利于在学习和生活中相互帮助，提高学习效率。大学生活的交往实践，在坚持合理交往的原则的前提下，能够克服青年男女的心理狭隘和局限，丰富自我个性，提高性别角色意识和审美情趣，为以后的职业生活打下良好的基础。

体验与探究

1. 改革开放以来，我国经济社会获得了长足发展，受到了世界的瞩目。但在发展过程中也带来了诸多的问题，腐败问题就是其中之一。腐败问题严重妨碍了干群关系。

思考：请你结合社会事例，运用普遍联系的观点，分析一下产生腐败的原因有哪些?

2．构建和谐校园是和谐社会构建中的重要组成部分，请你根据所学内容和亲身体会，开一次主题班会，讨论一下在校园中如何构建和谐的人际关系?

3．有人认为学生应该多学习专业知识，人际交往要等到毕业以后再说；有的人认为学生应该多进行人际交往才能够适应社会发展，找到好工作。你是怎么认为的，组织一次辩论会增加对这个问题的认识。

4．利用假期时间进行社会实践活动，记录在交往过程中所接触到的人际关系，分析一下人际交往都有哪些特点，总结一下人际交往的技巧和原则。

5．我们正在进行的和谐社会有什么特征，对于和谐社会建设，我们青年学生能做些什么?

第二节　变化发展与顺境、逆境

唯物辩证法不仅科学地揭示了世界上一切事物、现象的普遍联系，而且进一步指出，世界的相互联系、相互作用所构成的运动，其本质是发展的。发展的观点是唯物辩证法的又一个总特征。

一、发展是新事物的产生和旧事物的灭亡

（一）发展的实质及特点

唯物辩证法所讲的发展是在运动、变化的基础之上进一步揭示物质世界运动的整体趋势和方向性的范畴。发展是前进的、上升的运动，是新事物的产生和旧事物的灭亡。发展具有以下几个特点：

第一，发展的普遍性。就是说发展是一种普遍的现象，或者说，世界上一切事物都处在产生和灭亡之中，处处都有着川流不息、永不停息的运动、变化和发展。自然界、人类社会、人的思维和人的智力都是运动、变化、发展的。

第二，发展的过程性。就是说任何事物都有自己的历史，没有什么事物是绝对不变、永世长存的。事物只有通过一定的过程才能展现自己发展的全部丰富内容。所以，"存在即是过程"。"世界不是一成不变的事物的集合体，而是过程的集合体。"

第三，发展的前进性。就是说发展是前进的、上升的运动，是事物从低级到高级、从无序向有序、从简单到复杂的变化。上升或前进是现实世界的整体趋势和主流，它体现了发展的实质，体现了事物的运动、变化不是简单的重复，更不是从高级向低级的倒退，而是新事物的产生和旧事物的灭亡。

知识拓展

世界发展的方向性，是指的不同类型、不同层次的运动形式之间相互转化和过渡的问题。一般来讲，现实世界多种多样的变化从总体上来讲无非是三种方向上的运动：①单一水平的转化，即同一级运动形式之间变化；②下降的运动，即从高一级运动形式到低一级运动形式、从有序到无序、从复杂到简单的变化；③上升的运动，即同下降相反的变化。单一水平的转化在许多现象和过程中是常见的，例如，社会在某种生产方式保持不变的情况下，社会关系和社会生活状况有所改变。下降的运动也是自然界中一种普遍的现象，例如，化合物的分解、生命体的死亡、社会由兴盛走向衰亡等。上升的运动是现实世界变化的整体趋势和主流，例如，自然界中新的物种代替旧的物种、社会中新的生产方式代替旧的生产方式、新的思想代替旧的思想等，都体现了客观世界发展的不可逆转的趋势。

第四，发展的无限性。发展是有限和无限的统一。就每一具体事物来说，它的发展总是有限的，在一定条件下、一定时期内只能达到一定水平。但是就整个物质世界来说，它的发展是无限的，无数有限事物的有限发展，就构成了整个物质世界的无限发展，推动整个世界永远不会停留在一个水平上。

（二）新事物是不可战胜的

所谓新事物，是指符合历史发展总趋势、体现事物发展的规律和方向、具有强大的生命力和远大的发展前途的事物。旧事物是指在历史发展过程中丧失其存在的必然性、日趋灭亡的事物。我们判断一种事物是新事物还是旧事物决不应当以自己主观上觉得如何而定，而应当根据实践标准，看其是否符合事物发展的客观规律，是否符合历史发展的趋势，是否具有强大的生命力和远大的前途。根据这个标准，判断新事物应当注意以下几个问题：一是不能只从出现时间的先后去衡量某一事物是否是新生事物；二是不能把形式是否新颖作为衡量新生事物的依据；三是不能把一定时期内某一事物是否完善，力量是否强大作为衡量新生事物的标准；四是不能以主观的自封作为衡量新生事物的标准。新旧事物相区别的根本标志，在于它们是否同历史发展的必然趋势相符合。这说明，我们在识别新旧事物的问题上，既要坚持唯物论，又要坚持辩证法；既要看到事物的表面现象，又要看到事物的内在本质；既要看到事物的现在，又要看到事物的未来。

新事物代替旧事物是历史发展的必然趋势，这是由新事物的本质特征和事物发展的辩证本性决定的。

第一，新事物是在旧事物内部、旧事物的"母胎"中孕育成熟的。这个孕育于旧事物"母胎"中的新事物，对于旧事物来说，既是促使旧事物灭亡的因素，又是旧事物赖以存在的因素，是旧事物既容不得又离不开的"冤家"。在客观世界中，旧事物是无法扼杀、战胜新事物的，而新事物在旧事物的"母胎"中一旦孕育成熟，就会抛开旧事物的羁绊，为自己开辟更为广阔的发展道路。

第二，新事物比旧事物具有整体的优越性。新事物是在旧事物的基础上产生出来的，它否定了旧事物中消极的、过时的、腐朽的东西，吸收和发展了旧事物中有利于自己的积极的、合理的因素，同时还添加了为旧事物所不能容纳的新内容，因而，它比旧事物更加高级和优越，具有更强大的生命力。

知识拓展

辩证的否定即"扬弃"，意为"既克服又保留，既批判又继承"，新事物克服了旧事物中过时的不合理的东西，保留了旧事物中积极的合理的东西，从而获得自我发展。辩证的否定观是与形而上学的否定观根本对立的。形而上学总是对事物采取肯定一切或否定一切的态度，要么是绝对的肯定，要么是绝对的否定。这种否定观对人们的实践活动是有百害而无一利的。坚持辩证的否定观就要对事物持科学分析的态度，肯定其积极的合理的东西，否定其过时不合理的东西。对待外来文化，全盘西化式的抛弃中国传统文化的做法必然是不可取的，鲁迅所主张的"拿来主义"则是我们面对外来文化应有的态度，吸收和借鉴外国先进的技术和管理经验，抛却其中附加的资本主义腐朽的东西，洋为中用，以利于创新和发展。对待古代文化和外国文化，要坚持"古为今用""洋为中用""推陈出新"的原则，取其精华，弃其糟粕，毫无批判地兼收并蓄是错误的，不加分析地完全抛弃也是不正确的。

第三，在社会领域中，新事物"顺乎世界之潮流，合乎人群之需要"，符合广大人民群众的根本利益，得到广大人民群众的支持，具有广泛深刻的社会阶级基础。所以，在社会生活中新事物不可战胜，实际上是人民群众的力量不可战胜的具体体现。

新事物必然要战胜旧事物，这是一个总的趋势、总的结局，但是新事物的成长也要经过一个曲折艰难的过程。新事物刚刚产生的时候，力量比较弱小，比较不合乎"常规"，具有这样那样的缺陷，而旧事物则比较强大，比较合乎常规，而且相对完善。这就使新事物在其发展的过程中要遇到这样那样的困难和问题，有时还会出现失败和夭折。但是，由于新事物代表了发展的方向，具有远大的前途，它最终会克服种种障碍，取旧事物而代之。

【案例】1814年，年仅33岁的史蒂芬森好不容易研制出了世界上最早的可以在铁轨上行驶的蒸汽机车，但它像初生的婴儿，其貌不扬，丑陋笨重，走起来也很吃力。面对着这个构造简单、头上冒火、吼声震天、行走缓慢的大家伙，讽刺讥笑者有之，跟他吵架、找他算账者有之，恐慌躲避者有之。更有人驾来一辆马车，要和这辆火车赛跑。面对种种非难，史蒂芬森不为所动。他以科学的态度，正视火车的缺陷和问题，作出了一系列的改进：降低了火车排气发出的尖叫声，加强了锅炉的火力，提高了机轮的运转速度……终于使这匹"钢铁巨马"以全新的姿态展示在人们面前，实现了人类运输史上的伟大革命。将近两个世纪过去了，马车的轮子仍然慢速转动着，而火车的结构却不断地完善，燃料也更加清洁、环保，时速更是达到了几百公里的程度。

思考：在我们的周围，新事物层出不穷，应该怎样对待它们的？

新事物不可战胜的原理，是对待新事物的正确态度的理论基础，具有非常重要的世界观意义。这一原理告诉我们，事物发展的前途是光明的，发展的道路是曲折的。事物的发展是前进性和曲折性的辩证统一，这是一切事物发展的客观规律。既然如此，我们就应当在认识上正确看待新事物，在实践中积极支持新事物的发展。不能因为新事物的弱小和不完善就讽刺它、讥笑它，而应该理解和宽容它的缺点和不足。当新事物在前进的道路上遇到一时的困难和挫折时，我们也不能对它丧失信心。

中国特色的社会主义是前所未有的新的伟大事业。建设中国特色的社会主义是国家富强、民族复兴和人民幸福安康的必由之路。在建设中国特色的社会主义过程中，机遇和挑战同在，成就和困难并存。我们应当坚持科学发展观，紧紧抓住"和平与发展"这一时代的主题，抓住新科技革命带来的机遇。同时又要勇敢地迎接挑战，认真解决进入21世纪后我们在国际和国内所遇到的新矛盾和新问题，通过自己的实实在在的努力去推动我们的发展。在我们取得的举世瞩目的成就面前忘乎所以，或者在困难和矛盾面前畏缩不前的态度都是错误的。

二、人生发展的前进性与曲折性

人作为整个世界的有机组成部分，同其他事物一样，其自身的发展也是一个曲折性与前进性相统一的过程。从形式上看，人生变化发展也是波浪式前进、螺旋式上升的过程。认识这一过程，正确看待我们人生发展进程中的各种境遇，才能够树立起正确的人生观和价值观，进而在社会中做出应有的贡献。

（一）人生是一个发展的过程

人生在总体上是一个不断向前的发展过程。人生发展包括生理发展、精神发展和社会发展三个方面。其中，生理发展是人生发展的基础，精神发展是人生发展的必要条件。人的生理发展是一个自然过程，大体上是沿着婴儿、儿童、少年、青年、壮年、老年等六个不同的阶段来进行的。人的精神发展一般表现为品德、知识、能力、价值观等综合素质的发展。人的精神发展在表现形态上不同于人的生理发展，一般是在对自身生活目标、价值追求等方面表现出精神上的相应活动。人的社会发展则是一个历史过程。与人的自然属性和精神属性相比，社会属性是人的本质属性，人的价值以及自身能力的发展都要在社会关系和与他人交往中体现出来。

（二）人生的发展是前进性与曲折性的统一

任何事物的发展都是螺旋式上升或者波浪式前进的，人生道路也不例外。人生没有笔直的道路，人生道路都是既有曲折又不断前进的。人生的发展是前进性与曲折性的统一过程。换句话来讲，人的一生有成功也有失败，成功和失败总是相伴相随。成功的行动成就人生事业，成功的经验非常宝贵。但是，失败也并非毫无价值。如果认真吸取失败的教训，那么，失败又会成为人们走向成功的阶梯。在科学上，每一条道路都应该走一走，发现一条走不通的道路，就是对科学的一大贡献。在生活中，人只有经历了成功和失败的反复以后才能够逐步走向成熟。

（三）在曲折中实现人生发展

人生的发展是一个前进性和曲折性相统一的过程。它启示我们，在人生的发展过程中要保持积极进取的人生态度，同时要时刻准备走曲折的路。在曲折中寻找机遇，在曲折中与困难抗争，在曲折中不断激发自己的精神和斗志，奋勇前进，不屈不挠，一往无前，不断地把自己的理想变为现实。

三、人生发展的顺境与逆境

顺境和逆境是人生发展进程中前进性和曲折性在人生境遇上的表现，是人生中两种不同的境遇。对人生的发展来讲，顺境和逆境都是人生发展的客观条件，都是对人生发展的考验。

（一）人生理想的实现是一个过程

理想变为现实不是一蹴而就、一帆风顺的，往往会遭遇波澜和坎坷。在现实生活中，人们对于理想的美好性有着充分的想象，而对于理想实现的艰难性则往往估计不足。渴望早日实现理想，希望顺利实现理想，这是人之常情。但是如果把实现理想设想得过分容易，对前进道路上的困难缺乏思想准备，那就会影响理想的实现，甚至会导致人们在困难面前对理想失去信心，因此，在确立理想和实现理想的过程中，要充分认识理想实现的长期性、艰巨性与曲折性。一般来说，理想越是高远，它的实现过程就越复杂，需要的时间就越长。

（二）珍惜顺境，乘势而上

顺境是我们渴求事事顺利的理想境遇，对于心智的成长、认知的提升、性情的陶冶创造了有利的条件。人生是一个不断挑战自我的大舞台，社会在进步，人民物质生活质量不断提高，时代的大顺境使我们的成长也比过去顺利。老师、家长、学校不断地为我们创造良好条件，为我们营造一个顺利成长的空间，让它更有利于我们的成长。在顺境条件下，人的发展目标和需求一般容易实现，有利于人主动创造机会，乘势而上，不断取得成功。人们在不断成功的激励之下，会激发更大的前进动力，从而形成人生发展的良性循环。

时代发展到今天，"顺境"才是成才的正常途径，先辈们革命的目的，发展生产的目的，都是为了全社会更加进步，人民生活更加幸福美满。那么，后一代的成才当然应该具备比上一代更优越的条件。这种成才的顺境，是社会发展、时代进步的必然趋势。好好利用顺境，才有利于成才。后一辈人站在前辈们肩膀上眺望前程，下一代人利用上一代人创造的可继承的资源来完善自身，避免前人走过的弯路，防止旧错重犯，借鉴先辈成功的经验。唯有这样，顺境才算找到了自己的归宿，才具备了现代的意义，才能孕育有用之才，培育栋梁之材。顺境固然可喜，但如若贪图享受、乐在其中，易生惰性，骄奢淫逸，或会乐极生悲。作为青年学生，我们要居安思危。

【案例】19 世纪末，美国康奈尔大学做过的一次有名的青蛙实验，对我们正确对待生活中的顺境与逆境很有启发：他们把一只青蛙冷不防丢进煮沸的油锅里，这只青蛙在千钧一发的生死关头突然用尽全力，一下子跃出那势必使它丧命的油锅，跳到锅外的地面，安然逃生。半小时后，他们使用同样的锅，在锅里放满冷水，然后把那只死里逃生的青蛙放到锅里。接着他们悄悄在锅底下用炭火慢慢烧热。青蛙优哉地在水中享受"温暖"，等到它感觉到热度已经熬受不住，必须奋力逃命时，却为时已晚。它欲跃乏力，全身瘫痪，终于葬身在热锅里。

思考：谈谈你在以往对待顺境的态度。

(三) 直面逆境，勇敢抗争

逆境与顺境相对应，是人们所面对的不利的处境，是指困难多，不顺利，甚至很恶劣不幸的境遇。它可以使人忧虑，痛苦不堪，但也能磨炼人的意志、品质，催人奋进。我们只有具有了坚强的意志和勇气，才能承受逆境所带来的压力和磨难，不惧挫折和失败，在奋争中走向成功。

大部分人在一生中都不会一帆风顺，难免会遭受挫折和不幸。而成功者和失败者非常重要的一个区别就是，失败者总是把挫折当成失败，从而使每次挫折都能够深深打击他追求胜利的勇气；成功者则是从不言败，在一次又一次挫折面前，总是对自己说："我不是失败了，而是还没有成功。"一个暂时失利的人，如果继续努力，打算赢回来，那么他今天的失利，就不是真正失败；相反的，如果他失去了再次战斗的勇气，那就是真的输了！

当我们身处逆境时应当做到以下几点：

首先，要有自尊自爱的人格。人生是顺境还是逆境，人们常常难以控制。但独立的人格和尊严却是自己可以坚守不变的。"富贵不淫、贫贱不移、威武不屈"，是在任何情况下都要坚持的做人准则。有了这样的做人准则，才能在顺境中不狂妄自满，在逆境中不沉沦丧志。

其次，要淡化个人名利，做到"心底无私天地宽"。一个以自我为中心、充满私欲的人，容易患得患失，瞻前顾后，难以实现宏图大业。一些人一生的许多苦恼，多源于个人私欲的不满足；当人们从私欲中解脱出来，就会发现许多所谓的逆境，不过是由于私欲难填而杜撰出来的虚幻，况且，即使真正陷入人生的逆境，只要置个人得失于不顾，视荣辱毁誉如浮云就能做到无私无畏，勇敢抗争，从而战胜困难，走出逆境。

再次，要有乐观的精神和积极的行动。乐观的精神，是战胜逆境的精神动力；积极的行动，是走出逆境的有效途径。没有乐观的精神，不可能在逆境中长期不懈地坚持抗争；没有积极的行动，就是个盲目乐观主义者，不可能真正战胜困难，取得胜利。

【案例】刘禹锡（公元772—842年），是唐朝著名的政治家，还是同白居易交往甚深的文学家。面对时弊，他主张改革，协同王叔文发动了著名的"永贞革新"运动。这场革新运动失败后，刘禹锡两次被贬，又两次被召回京城。第二次回京途中，他来到扬州，巧遇老友白居易。白居易感慨万千，写了一首诗送给刘禹锡，表达了对刘禹锡的同情和无奈。刘禹锡则淡然一笑，当场赋诗一首回赠白居易："巴山蜀水凄凉地，二十三年弃置身。怀旧空吟闻笛赋，到乡翻似烂柯人。沉舟侧畔千帆过，病树前头万木春。今日听君歌一曲，暂凭杯酒长精神。"刘禹锡的这首诗既倾诉了自己的遭遇，更表达了不屈不挠、奋发向上的精神，特别是"沉舟侧畔千帆过，病树前头万木春"两句，写得乐观豪放、形象生动。

思考：反思自己的过去，并说明对待逆境的态度。

四、正确对待人生环境的主观条件

对人生发展来说，顺境和逆境是不以人的意志为转移的客观因素。正确对待人生环境，还应具备一定的主观条件，其中，健康的人格特征是树立正确人生态度，促进人生发展的心理基础。健康人格是指由人的内在心理引导的、尊重生活、热爱自我及自然环境，其个人的意识、才智及能力得到健康、全面的和谐发展，进而形成积极向上的心理品质和个人特征，是各种良好人格特征在个体身上的集中体现。一个人的人格是否健康会影响自身的行为和认知，当人格不健全时，他的行为和认知会出现偏差，甚至会导致错误的行为，不仅对自身的发展带来不利的影响，还会危害他人和社会。而健全的人格不仅能够促进自身的全面发展，从容应对人生发展的顺境和逆境，也能够和谐人际关系，为社会发展做出较大的贡献。

知识拓展

健康人格的特征：

（1）客观的认知和正确的自我意识。能采用客观的态度去认识自己，认识他人，认识周围世界，不带任何个人主观偏见去看待现实，能够按照事物的本来面目来认识，更能发现事实真相。

（2）良好的情绪控制能力。能调节和控制自己的情绪，经常保持轻松愉快、开朗的心境，并且具有幽默感。当产生消极情绪时，能合情合理地宣泄、排解、转移、升华。

（3）良好的社会适应能力。能和社会保持良好的接触，以一种开放的态度主动关心社会、了解社会，观察所接触到的各种事物现象，能看到社会发展的积极面和主流，具有社会责任感并勇于承担责任；能与时俱进，使自己的思想、行为跟上时代的发展，与社会的要求相符合，表现出能适应新的环境。

（4）和谐的人际关系。常常以诚实、公平、信任、尊重、宽容的态度对待他人，同时也受到他人的喜爱和接纳，得到社会的接受和容纳。

（5）乐观向上的生活态度。热爱生活，常常能看到生活的光明面，对前途充满希望和信心，对自己所从事的工作或学习抱有浓厚的兴趣，并在工作和学习中发挥自身的智慧和能力，获得成功。即使生活中遇到困难和挫折，也勇于面对，不畏艰险，勇于拼搏，积极进取。

（6）健康的审美情趣。具有高尚、健康的审美情趣，能提高自身的修养，自觉抵制各种不健康思想的侵蚀，追求更高的人生价值，实现人的自我完善和提高。在日常生活中能处处反思自己的行为，以力求符合健康的审美标准。

体验与探究

1. 埃及神话里面有一则著名的"斯芬克斯谜语"，讲的是在金字塔畔一块巨大岩石上雕刻着一个匍匐的狮身人面石雕，据说它就是传说中的斯芬克斯。这个狮身人面怪盘踞在一条通往开罗的必经之路上兴风作怪，凡遇到的人它都要提出一个谜语，凡是猜不着的，都作为了它的美餐。有一天，一位年轻的公子听说了这件事，他决定去试一试，别人都劝他不要去，因为去无异于送死。但他抱着为民除害的坚定信念执意要去。斯芬克斯一见有人来了，非常地高兴。看来又有一餐好吃，它照例出了那条谜语："什么东西早上是四条腿，到了中午是两条腿，当太阳落山时又变为三条腿？""因为人刚生下来还不会行走，所以他两手在地爬着走，这不是四条腿吗，当人长大些学会了走路，不是两条腿吗，当人老年迈之时走路必须拄着拐杖，这不就是三条腿吗。"斯芬克思被气得哑口无言，只得承认答对了，由于羞愧难当就自尽了。从此这条路又恢复了往日的繁华。

思考：你结合这则寓言，思考人生发展过程的几个阶段，并和同学们讨论自己的结论。

2. 你结合达尔文关于动物界"优胜劣汰"的理论谈一下作为幼师学生应该如何正确处理生活中的顺境和逆境，提高自身竞争能力，实现人生幸福。

第三节　矛盾观点与人生动力

一、矛盾的同一性和斗争性

（一）矛盾、同一性、斗争性

唯物辩证法中所讲的矛盾，是指反映事物内部两个部分之间以及事物之间既相互联系、相互吸引、相互结合、相互依存、相互转化，又相互排斥、相互对立、相互斗争的关系。简言之，矛盾即对立统一。

我们在生活中要善于区分辩证矛盾和逻辑矛盾。辩证矛盾是事物本身固有的矛盾，是实际生活过程中客观存在的矛盾，这种矛盾是无法排除的。这种矛盾反映到人们的思维中就形成了辩证法理论体系中的矛盾范畴。逻辑矛盾不同于辩证矛盾。逻辑矛盾是人们的思维过程不合逻辑，违反逻辑规则（即违反了思维规律）造成的，是思维中的自相矛盾。逻辑矛盾是应当排除的，不排除逻辑矛盾便没有正确的思维活动。

我们通常把矛盾对立的属性称为斗争性，把矛盾统一的属性称为同一性。斗争性和同一性是世界上一切事物、现象和过程内部都包含的相互联系、相互排斥的两个方面。矛盾的同一性和斗争性是辩证矛盾的两种基本属性。矛盾的同一性是指矛盾着的对立面之间内在的、有机的、不可分割的联系，是体现对立面之间互相吸引的一种趋势。矛盾的同一性主要是指以下两种情形：

第一，事物发展过程中矛盾的两个方面，在一定条件下互相依赖，组成一个统一体。在事物发展过程中矛盾着的两个方面，任何一方都不能孤立地存在和发展，任何一方都要以另一方的存在和发展作为自己存在和发展的前提，假如失去一方，另一方也就失去了存在和发展的条件。

第二，事物矛盾着的两个方面互相贯通，其间存在着由此达彼的桥梁。矛盾双方的互相贯通，是指矛盾双方存在着互相吸引的趋势，因而是相互包含的。矛盾双方的相互渗透和相互贯通，存在着由此达彼的桥梁，即在一定条件下能够相互转化。

知识拓展

在化合与分解的矛盾中，化合中有分解，分解中有化合；在生物的雄性和雌性的矛盾中，雄性里面包含着雌性的因素，雌性里面包含着雄性的因素。在社会生活中，敌中有我、我中有敌是常有的事。在认识过程中的感性认识和理性认识这对矛盾中，感性中有理性，理性中也有感性。所以，矛盾双方的互相渗透是非常明显的。

矛盾双方在一定条件下的相互转化也是客观世界的普遍现象，它存在于一切运动形式之中。"飘风不终朝，骤雨不终日"，说的是自然现象的变化；"饥饿者思食，久卧者思起"，说的是生物机体的活动。正确与错误、成功与失败、公有制和私有制、战争与和平等，说的是社会的运动；在思维领域中，真理和谬误也是可以互相转化的。另外，在数学中，加和减、乘和除、有限和无限、直线和曲线等也是可以互相转化的。这说明，矛盾的统一不是僵化的同一，而是活生生的同一。

思考：结合自己的生活和学习实际，想一想"好"和"坏"在一定条件下的相互包含、相互转化。

斗争性是矛盾的又一基本属性，是指矛盾双方相互离异、相互排斥的性质和趋势。作为哲学范畴的斗争性包括自然界、社会、思维领域中一切形式的对立和排斥，不是狭义的政治斗争的概念，因此，矛盾的斗争性既包括社会生活中像战争双方那样你死我活的斗争、理论上的争辩、民主生活中的批评和自我批评，也包括像自然界作用和反作用、阴电和阳电、化合和分解、遗传和变异，还包括认识领域中的真理和谬误等这种互相反对、互相分化的趋势。哲学的斗争和政治的斗争固然有联系，但它包含着比政治斗争更为丰富的内容和形式。

（二）矛盾的同一性和斗争性的相互关系

同一性和斗争性是事物矛盾的两种基本属性，但二者又是相互联系不可分离的。离开斗争性即无同一性，离开同一性也无斗争性。失去其中任何一种属性，便不能构成为矛盾。

第一，同一性离不开斗争性，没有斗争性就没有同一性。对于任何现实的具体矛盾来说，都是包含着差别和对立的，就是说，它们的相互依存和相互贯通都是以互相排斥和互相否定为前提的。如果没有矛盾双方的互相排斥和互相否定，就谈不上他们的互相依存和互相贯通，它们的互相依存的同一性也就消失了。

第二，斗争性离不开同一性，没有同一性就没有斗争性。矛盾双方的对立和排斥是存在于具体事物之中的，斗争是统一体内的斗争，所以，斗争又总是和同一相联系，为同一性所规定。如果是两个没有任何联系、毫不相干的东西，是谈不上互相排斥和互相否定的。

懂得了矛盾同一性和斗争性的互相联系和互相制约，就要在认识事物时做到在对立中把握同一，在同一中把握对立的道理。这是辩证思维的实质所在。如果离开斗争性把握同一性，就等于把矛盾的统一当做僵死的统一，把相对的同一绝对化；如果离开同一性把握斗争性，就等于把矛盾的对立当成相互隔绝，把现实的矛盾拆成彼此孤立没有联系的东西。

二、矛盾的普遍性和特殊性

（一）矛盾的普遍性

矛盾的普遍性是指矛盾是世界的普遍状态。它有两重含义：其一是说，矛盾存在于一切事物的发展过程中，即处处有矛盾或事事有矛盾；其二是说，每一事物的发展过程中存在着自始至终的矛盾运动，即时时有矛盾。这说明，世界上没有无矛盾的事物，也没有无矛盾的

时候。旧的矛盾解决了，又会出现新的矛盾，开始新的矛盾运动。

知识拓展

关于矛盾的普遍性，古代先贤就提出过很有见地的思想。古希腊的赫拉克里特说过：“互相排斥的东西结合在一起，不同的音调造成最美的和谐，一切都是斗争产生的。”我国春秋时期道家学派代表人物老子在《道德经》中罗列了善恶、有无、难易、长短、高下、音声、前后、生死、动静、强弱、反正、美丑、攻守、治乱等一系列相反相成的范畴。我国宋代的程颐说：“万物莫不有对。”明朝思想家方以智在《东西均》中说：“虚实也，动静也，阴阳也，形气也，道器也，昼夜也，幽明也，生死也，尽天地古今皆二也。”古代辩证法关于矛盾普遍性的思想，是对于世界直观观察的产物，缺乏科学的根据。只有马克思主义哲学才准确、系统地揭示了矛盾的普遍性原理，认为矛盾是存在于客观世界和人类思维的一切领域之中的普遍现象。

承认矛盾的普遍性就要坚持矛盾分析的方法，承认矛盾，揭露矛盾，分析矛盾，并且用适当的方法去解决矛盾。不敢于正视矛盾就违背了实事求是的思想路线，错误地认识矛盾也找不到解决问题的正确方法。

【案例】《论持久战》是毛泽东1938年5月26日至6月3日在延安抗日战争研究会所作的一篇讲演。这是一部驰名中外的军事著作，也是一部寓意深刻的哲学著作，是矛盾分析的典范之作。在《论持久战》中，毛泽东为驳斥抗日战争初期国内存在的“速胜论”和“亡国论”，澄清混乱思想，回答了中国人民普遍关心的抗日战争能不能取得胜利，怎样才能取得胜利的问题。毛泽东明确指出：“中日战争不是任何别的战争，乃是半殖民地半封建的中国和帝国主义的日本之间在二十世纪三十年代进行的一个决死的战争。全部问题的根据就在这里。”这是对中日战争矛盾总体的分析。在此基础上，毛泽东进一步剖析了中日战争矛盾的各个方面。他说：“日本的长处是其战争力量之强，而其短处则在其战争本质的退步性、野蛮性，在其人力、物力之不足，在其国际形势之寡助。这些就是日本方面的特点。”“中国的短处是战争力量之弱，而其长处则在其战争本质的进步性和正义性，在其是一个大国家，在其国际形势之多助。这些都是中国的特点。”正是根据对中日矛盾特点的正确分析，毛泽东得出了“抗日战争

必然胜利，但又必须持久"的正确结论，制定了中国人民抗日战争的战略和策略，坚定了中国人民抗战的决心和信心。

思考：现实生活中是否存在矛盾和问题？你是怎样看待这些矛盾和问题的？

(二) 矛盾的特殊性

所谓的特殊性即是矛盾的个性，是指具体事物所包含的矛盾及每一矛盾的各个方面都各有其特点。我们分析任何事物，既要分析它的矛盾普遍性，也要分析决定其特殊本质的特殊矛盾。

矛盾特殊性包含着极为丰富的内容，主要表现在以下三个方面。

第一，矛盾性质的特殊性。每一事物所包含的矛盾都有其特殊性，都有区别于他事物的特殊本质。

第二，矛盾地位的不平衡性。复杂的事物是由多种矛盾或多方面的对立统一构成的矛盾体系，在复杂的矛盾体系中，存在着主要矛盾和次要矛盾，而每一具体矛盾又包含着主要的方面和次要的方面。主要矛盾和次要矛盾以及矛盾的主要方面和次要方面在事物发展过程中的地位和作用不同，但又相互联系、相互影响、相互作用。

第三，解决矛盾形式的多样性。矛盾解决的形式大致有以下几种：一是矛盾一方克服另一方，这是较为普遍、大量存在的形式；二是矛盾双方"同归于尽"，为新的矛盾双方所代替；三是有些矛盾经过一系列的发展阶段，最后达到对立面的"融合"，即融合成一个新的事物，使矛盾得到解决。

把握矛盾特殊性具有重要的意义，既然事物的特殊本质是由特殊矛盾决定的，那么，对于任何事物都必须采取具体问题具体分析的态度。具体问题具体分析是科学认识的基础，也是正确解决矛盾的前提。具体情况具体分析，是马克思主义的活的灵魂。所谓具体分析，就是分析矛盾的特殊性，只有分析矛盾的特殊性，才能把不同的事物区分开来，才能找到解决矛盾的方法。所谓量体裁衣、"对症下药"、一把钥匙开一把锁，说的就是这个意思。

知识拓展

"量体裁衣"这一成语的由来，有不同的说法，其中有一说法来自清代书法家钱泳所著《履园丛话》。在这本书中，记载了这样一个故事：北京城里有一个裁缝，手艺精湛，技艺高超。他替人裁衣服，不仅量高矮胖瘦，还注意人的社会地位、性格、年龄、相貌，甚至连何时中科举，都要细细询问。有人问他："你一个裁缝，做你的衣服就是了，还问这些干什么？"他说："少年中举，必是意气风发，走路定会挺胸凸肚，给这种人做衣服要前襟长后身短；而老年中举，则情况相异，这种人大多精神萎靡，走路弯腰驼背，给这种人做衣服，一定要前襟短后身长。凡此，体胖者，腰要宽；体瘦者，腰要窄；性急的，衣宜短；性慢的，衣宜长……"他的这一番道理，便被后人归纳为

"量体裁衣"，用以比喻说话办事要实事求是，以求从实际出发，根据具体情况采取不同的处理方法。

思考：想一想自己所学的专业有什么特点，说说怎样才能学好自己的专业。

把握矛盾的特殊性，还应当在分析事物矛盾问题时，既要坚持两点论，又要坚持重点论。

坚持两点论就是在分析矛盾时，既要看到主要矛盾和矛盾的主要方面，又要看到非主要矛盾和矛盾的非主要方面。坚持重点论，就是要在分析复杂的事物发展过程时，要着重把握它的主要矛盾，在分析某一种矛盾时，要着重把握它的主要方面。辩证法的两点论是有重点的，两点论中内在地包含着重点论，是有重点的两点；辩证法的重点论是以承认非重点为前提的，重点论中内在地包含着两点论。所以，唯物辩证法坚持两点论和重点论的统一。坚持这种统一，对于正确认识事物的性质把握事物的发展方向，对于正确认识国际国内形势，正确估计工作中的成绩与缺点，对于看问题、办事情既善于抓住重点，把握工作的中心任务，又善于统筹兼顾，都具有非常重要的现实意义。

坚持两点论和重点论的统一，就要反对形而上学的一点论和均衡论。一点论只看到矛盾的一种情况和一个方面，看不到矛盾的另一种情况和另一个方面，因而在实践中搞"单打一"，不能全面地推进革命和建设事业的发展；均衡论则是把矛盾的两种情况和两个方面平均看待，因而在实践中不分主次，不分轻重缓急，眉毛胡子一把抓，无论干什么事情都平均使用力量，因而在实践中也不能够搞好我们的工作。

知识拓展

社会的主要矛盾与党的中心任务是统一的，主要矛盾决定中心任务，有什么样的主要矛盾，就有什么样的中心任务，解决主要矛盾就是党的中心任务。邓小平把主要矛盾与中心任务连接在一起，他在1979年3月党的理论工作务虚会上讲话时指出："至于什么是目前时期的主要矛盾，也就是目前时期党和全国人民所必须解决的主要问题或中心任务，由于三中全会决定把工作重点转移到社会主义现代化建设方面来，实际上已经解决了。我们的生产力发展水平很低，远远不能满足人民和国家的需要，这就是我们目前时期的主要矛盾，解决这个主要矛盾就是我们的中心任务。"也就是说，在社会主义初级阶段，我国所要解决的主要矛盾，是人民日益增长的物质文化需要同落后的社会生产之间的矛盾。这个主要矛盾，贯穿我国社会主义初级阶段的整个过程和社会生活的各个方面，决定了我们的根本任务或中心任务，是解放和发展社会生产力。改革开放以来，我们坚持以经济建设为中心，极大地促进了生产力的发展，大大地提升了我国的综合国力，大大地提高了人民群众的生活水平。

三、矛盾是人生发展的动力

唯物辩证法认为，矛盾是事物发展的源泉和动力。发展就是对立面的同一和斗争，是事物内因和外因相互作用的过程。

（一）对立面的同一和斗争推动事物的发展

任何事物的发展都根源于事物自身对立面的同一和斗争。一切矛盾着的对立面，既相互依赖又相互排斥，既相互同一又相互斗争，使双方力量处在此消彼长的不断变化之中。一旦双方的力量对比发生了根本变化，双方地位便发生相互转化，于是新矛盾取代旧矛盾，新事物取代旧事物。这就是事物发展的实在过程。分别来看，同一性和斗争性在事物发展过程中都起着不可替代的作用。

1. 矛盾同一性在事物发展中的重要作用

总的来说，同一性在事物发展中的作用，就在于它使事物处于相对稳定的状态，从而为矛盾双方的存在和发展直至破坏旧的矛盾统一体、组成新的矛盾统一体提供条件。

第一，矛盾双方联为一体，互为存在和发展的条件。矛盾双方的互相依存包括两个方面的内容：一是互为存在的条件，二是互为发展的条件。矛盾双方互为存在的条件是说，一方的存在以另一方的存在为条件，这是任何确定的矛盾得以存在的前提。矛盾双方互为发展的条件是说，对立一方的发展要以另一方的发展为条件。

第二，矛盾双方互相利用和互相吸取有利于自身的因素而得到发展。在一切矛盾中，对立双方总是包含着可以彼此利用的某些共同因素。这种情形，不仅对于自然界和社会生活中双方不存在根本利益冲突的一类事物矛盾来说是十分明显的，而且对于那些对立面之间存在根本利益冲突的事物也是常见的。

知识拓展

在植物和食草动物的矛盾中，植物通过光合作用吸取二氧化碳，放出氧气；动物则吸取氧气，呼出二氧化碳，从而使各自得到发展。在无产阶级和资产阶级的矛盾中，资产阶级在发展生产力和科学文化方面所取得的成果，就是无产阶级发展自身所需要的有利因素。另外，矛盾一方各个组成因素发展的不平衡也可以为另一方所利用。反动势力各个集团之间的矛盾可以为革命势力所利用以发展自己；各种错误思潮之间的矛盾也可以为正确的学说所利用。所谓"利用矛盾，分化瓦解，各个击破"讲的就是这个意思。

思考：根据上述原理谈谈怎样正确看待社会主义的中国同西方资本主义国家的关系。

第三，矛盾双方互相贯通规定着事物发展的基本趋势。发展是一事物转化为另一事物，但这种转化不是任意的，而是有规律地向着自己对立面的转化，是转化为自己的他物。所谓"自己的对立面"就是本来和自己互相依存着的那个方面。

2. 矛盾斗争性在事物发展中的重要作用

无论什么事物的运动都采取两种状态，相对静止的状态和显著变动的状态。事物运动的相对静止状态即量变状态，事物运动的显著变动状态即质变状态。两种状态的运动都是由事物内部包含的两个矛盾着的因素互相斗争所引起的。

第一，在事物量变过程中，斗争推动矛盾双方的力量对比和相互关系发生变化，为质变做准备。斗争就是矛盾双方的互相排斥、互相反对、互相限制，必然造成矛盾双方力量的不平衡，这种不平衡达到一定程度，就使矛盾双方力量的对比发生根本变化，这就为事物的质变准备了条件。

第二，在事物质变过程中，斗争性的作用更加明显。当矛盾双方力量的发展在斗争中沿着各自的方向达到它的极限，矛盾主要方面和次要方面的力量对比发生了根本变化时，只有通过矛盾斗争并把这种斗争贯彻到底，才能使事物的发展突破原有的度，才能使旧的矛盾统一体解体，新的矛盾统一体产生，使一事物变为他事物。

知识拓展

在社会实践中，对于矛盾斗争性在事物发展中的作用要有一个全面的认识。这里，有以下几个问题应当注意。

第一，辩证法肯定矛盾斗争性在事物发展中的重要作用，却不认为斗争本身就是发展。斗争和发展不是一个概念，斗争只是事物发展的推动力量，而发展则是事物运动变化的基本趋势，它不仅表现为新质要素的量的积累，而且表现为事物的质的飞跃。

第二，辩证法肯定矛盾的斗争性可以推动事物的发展，却不认为一切斗争都能推动事物的发展。只有新事物反对旧事物的斗争才是事物发展的推动力量，旧事物反对新事物的斗争只能阻碍事物的发展。

第三，即使是新事物反对旧事物的斗争，也不是一切斗争都能推动事物的发展，不是一切对于斗争的限制都是对事物发展的限制。事实上，矛盾的斗争采取什么形式，达到什么规模，受到许多因素的制约，最重要的是受到同一性的制约。同一性对斗争性的制约表现为两个方面：其一是它制约着斗争的形式。具体的同一性不同，矛盾的性质就不同，因而斗争的具体形式就不同。其二是同一性制约着斗争的界限。任何一种斗争都有界限，都有限度。同一性对斗争界限的制约性在于，彼方有利于此方发展的因素就应是此方斗争的界限；即使对于彼方限制此方发展的消极因素，也要以化消极因素为积极因素作为此方斗争的界限；事物在有其存在理由的时候，斗争不能任意破坏它的存在。这时候，保持矛盾双方互相依存的同一性，使矛盾统一体不至于破裂，就是斗争的界限。

总之，我们既坚持肯定矛盾斗争性在事物发展中的重要作用，又要求注意选择最适合于矛盾性质和条件的斗争形式，注意掌握最适合于新事物发展的斗争界限。这就是所谓掌握斗争艺术的问题。

矛盾对事物发展的推动作用，只有在同一性和斗争性的紧密结合中才能实现。否认矛盾的同一性或否认矛盾的斗争性在事物发展中的作用，不仅在理论上是错误的，而且在实践中

也是有害的。

（二）内因和外因在事物发展中的作用

辩证法把运动看做事物的自己运动，认为事物的运动、变化和发展主要是由事物的内部矛盾引起的，同时也受到外部矛盾的影响。就整个世界而论，一切矛盾都是内部矛盾，世界之外的矛盾是没有的。但从某一具体事物来看，又有内部矛盾和外部矛盾之分。某一事物自身所包含的诸要素之间的对立统一是内部矛盾；此一事物和其他事物的对立统一是外部矛盾。矛盾是事物变化的原因，内部矛盾是事物变化的内因，外部矛盾是事物变化的外因。

内因和外因在事物发展过程中都起着不可替代的作用，事物的运动变化和发展是其内因和外因共同起作用的结果。然而，内因和外因在事物发展过程中的地位和作用是不同的。外因是变化的条件，内因是变化的根据，外因通过内因而起作用。

首先，内因是事物变化发展的根据和第一位的原因。这是因为，内因是事物存在的深刻基础，一事物根本矛盾（内因）的消失，就是这一事物的解体；内因是一事物区别于他事物的内在本质或根据，人们在认识过程中，只有把握其内部的根本矛盾，才能把此一事物和他一事物区别开来；内因是事物自己运动的源泉，一切事物的运动主要的是由其内部矛盾引起的，同时，内因还规定着事物变化发展的基本方向。

其次，外因是事物存在和发展的必要条件。事物的存在都不是孤立的，而是相互联系、相互影响、相互作用的，外部条件不同，又会影响事物的性质和发展状态。

再次，外因通过内因而起作用。外因可以加强事物内部矛盾的一个方面，相应地削弱另一个方面，从而影响事物发展的进程。但不管外因的作用有多大，都必须通过内因而起作用。

知识拓展

形而上学把内因和外因割裂开来，从两个极端歪曲二者之间的辩证关系。一种是只看到外因的作用，否认内因的作用，认为事物的发展主要的是靠外因的推动，这是"外因论"。在发展观的问题上，形而上学大多都采取这种观点。另一种是只看到内因的作用，否认外因的作用，这种观点否定了事物之间的普遍联系以及这种联系对事物

发展的影响，同样是片面的，因而也不能正确地说明事物的运动、变化和发展的实际过程。

内因和外因辩证关系的原理是我们党的独立自主、自力更生方针以及建立在独立自主基础上实行对外开放政策的重要理论依据。独立自主、自力更生的方针体现了内因是事物存在和发展的根据或根本原因的观点。坚持独立自主、自力更生，就应当在革命和建设的过程中把立足点放在依靠自己力量，充分发挥我国人民积极性、创造性的基础之上，同时，也不要忽视外因的作用，积极地实行对外开放。实行对外开放政策，学习和引进国外先进的科学技术和科学管理经验，从而加强我国自力更生的能力，加速社会主义现代化建设的步伐，因此，我们必须反对把坚持独立自主、自力更生和实行对外开放政策对立起来的形而上学观点，反对崇洋媚外的做法和盲目排外的态度。

人生发展也是一个充满矛盾的过程，需要不断地去想办法解决，然后在解决问题的过程当中得到领悟，从而提高自身的修养，促进人生发展。为达此目的，就要内外兼修，正确处理人生发展过程中内因和外因的关系。

四、内外兼修促进人生发展

（一）人生矛盾及其表现

人生矛盾就是人生发展过程中的对立统一。从总体上说，人生历程中要遇到的矛盾分为三种基本类型，即人与自然的矛盾，人与社会的矛盾，人与人的矛盾。在改造自然、改造社会、改造自身的过程中，这三种类型的矛盾又具体表现为生与死、苦与甜、爱与恨、真与假、善与恶、美与丑、健康与疾病、欢乐与悲伤、幸福与痛苦、能力与现实等诸多方面的对立和统一。人生就是一个在矛盾中追求、在矛盾中拼搏、在矛盾中创造价值的过程。

作为当代的青年学生，在我们人生成长的各个阶段都会在生活中、学习中、交往中遇到各式各样的矛盾。我们的身心正是在克服了一个又一个矛盾之后得到了极大的提升和发展。我们在现今的学习阶段也会遇到诸如同学矛盾、师生矛盾、亲情与学业的矛盾、能力与现实的矛盾、学习与择业的矛盾等。毕业以后我们也会面临择业与创业的矛盾、理想与现实的矛盾、工作中成与败的矛盾，人际关系中和谐与冲突的矛盾，生活中恋爱、婚姻、家庭的矛盾等。对此，我们一定要做好充分的思想准备。

（二）对待人生矛盾的态度

对待人生中的各种矛盾，历来有不同的人生态度。积极的人生态度是正视生活中的矛盾，从事物的对立统一关系中把握事物的本质，全面认识和协调处理矛盾的不同方面，积极化解矛盾，消除对立，在解决矛盾中推动人生发展，而消极的态度是害怕矛盾，掩盖矛盾，表现为两种极端相反的倾向：一种是认识和处理问题时简单化和偏激化，排斥异己，激化矛盾；

另一种是回避矛盾，把一切归结于命运，消极地听从命运的安排。持积极人生态度的人有理想、有抱负，能以国家、民族、人民的利益为重，以振兴中华为己任。他们把时间与精力主要用在掌握现代科学文化知识，把困难、挫折、逆境当做磨炼意志的动力和事业成功的风帆，竭尽自己的聪明才智，为建设社会主义强国而无私奉献。持消极人生态度的人，他们或者视人生为痛苦，因而悲观厌世，消极无为，或者一事当前，先为自己打算，为了一己私利，拉关系、走后门、假公济私、以权谋私、贪污受贿、徇私舞弊，甚至置国格、人格于不顾，出卖国家和民族利益，出卖肉体、灵魂等。

坚持对立统一的观点看问题，就要树立积极的人生态度，始终保持奋发向上的精神状态，通过不懈的努力，推动自我人生的发展。

【案例】在 2005 年央视春节晚会上，由 21 位聋哑舞蹈演员表演的舞蹈《千手观音》，以震撼人心的魅力感动了全国观众。领舞的女孩儿叫邰丽华，中国残疾人艺术团舞蹈演员、中国特殊艺术委员会副主席。她幼时因高烧打针不幸药物中毒，失去听力。之后不久，她又失去了甜美的歌喉，从此陷入了无声世界。为此，父亲带她辗转武汉、上海、北京等地求医问药，但始终不见好转。眼看要到 7 岁了，父母只好将她送入市聋哑学校学习。15 岁那年，她被中国残疾人艺术团挑中，开始了自己的舞蹈人生。然而，在刚刚进团的时候，她的舞蹈基本功是最差的，甚至连踢腿都不会，老师干脆将她一个人扔在了排练室里，拂袖而去。多少磨难，多少痛苦，然而，这一切都无法阻止她继续跳舞。她的身上因此也总是有着青一块、紫一块的伤痕。她怕母亲看见了心痛，即使炎炎夏天也总是捂着一条长裤子。正是凭着这种执着，邰丽华在众多的舞者中脱颖而出，获得了一个又一个的舞蹈大奖。1994 年，她凭借自己的努力，如愿以偿地考取了湖北美术学院装潢设计系，成了一名大学生。

思考：人生充满着矛盾。我们怎样以邰丽华为榜样，正确对待人生矛盾？

（三）内外兼修，方成栋梁

促进人的全面发展是马克思主义的重要内容，也是我们党为推进中国特色社会主义建设事业提出的一项基本要求。在我国新的历史时期，所谓人的全面发展就是要在大力发展生产力，努力实现人民群众共同富裕的基础上，全面提高人的素质，培养"有理想、有道德、有知识、有纪律"的社会主义新人。要成为"四有"新人，就应当充分发挥自己的主观能动性，内外兼修，成为祖国的栋梁之材。

知识拓展

"内外兼修"这个词，作为中国古代的哲学观，是指内修道，外修德。"道"即大道理、规律，"德"即按照合乎规律的大道理去做事。根据时代的发展，我们赋予"内外兼修"以更为广泛深刻的含义。"内"是指一个人的内在素质，包括他的学识、人生观、态度以及涵养等，这些都是内在的东西。学识越多，必然会为自己认识世界，提高实际操作技能奠定理论基础；人生观正确，必然会要求自己做一个对社会有贡献的人；态度积极，必然敢于面对一切困难，处事不乱，受到别人的尊敬。"外"是指一个人的外在表现，包括仪表整洁，落落大方，给人一种干净利落的感觉；谈吐得体，收放自如，成熟而稳重；做事认真负责，积极应对，让人觉得是可信赖之人；待人接物有礼有节，不卑不亢，宠辱不惊。

修内和修外是相辅相成、辩证统一的关系。修内就要努力学习科学文化知识，树立科学的世界观和人生观，端正自己的人生态度；修外就要正确处理人与自然、人与社会、人与人之间的关系，成熟稳重，谦虚谨慎，高调做事，低调做人。修内是基础，修外是条件，通过修内提高自己的内在素养，才能保证修外的正确方向，才能以符合规律的行动实现人与自然、人与社会、人与人的和谐，为社会主义现代化建设做出更大的贡献。通过修外可以加深对事物发展规律的认识，丰富自己的经验，锻炼自己的意志，提高自己的能力，修正自己的过失，从而巩固修内的成果。所以，正确处理修内和修外的关系，是唯物辩证法关于内因和外因辩证关系原理的实际运用，也是达到完美人生至高境界的正确途径。

【案例】华罗庚，1910 年生于江苏金坛一个小商人家庭。1925 年，他初中毕业后就因家境贫困无法继续升学。1928 年，18 岁的他到金坛中学担任庶务员。然而不幸，他在这年患了伤寒症，卧床达五个月之久，致使左腿瘫痪。但他并不悲观、气馁，而是顽强地发奋自学。1930 年，年仅 20 岁的华罗庚在上海《科学》杂志上发表了《苏家驹之代数的五次方程式解法不能成立的理由》的论文，受到时任清华大学担任数学系主任的熊庆来的高度赞赏，邀请他来清华大学工作。1931 年，华罗庚拖着残腿、拄着拐杖走进了清华园。起初，他在数学系当助理员，一边工作，一边自学。勤奋好学的华罗庚只用了一年时间，学完了大学数学系的全部课程，学问大有长进。两年后，华罗庚被破格提升为助教，继而升为讲师。后来，熊庆来又选送他去英国剑桥大学深造。面对博士学位的诱惑，华罗庚淡定地说："我来剑桥是求学问的，不是为了学位。"两年中，他学术成果丰硕，得出了著名的"华氏定理"，向全世界显示了中国数学家出众的智慧与能力。

1938 年，华罗庚回国，任西南联大教授，年仅 28 岁。

1946 年，华罗庚应邀去美国讲学，被伊利诺伊大学高薪聘为终身教授，他的家属也随同到美国定居，有洋房和汽车，生活十分优裕。当时，不少人认为华罗庚是不会回来了。

新中国的诞生，牵动着热爱祖国的华罗庚的心。1950 年，他毅然放弃在美国的优裕生活，回到了祖国，而且还给留美的中国学生写了一封公开信，动员大家回国参加社会主义建设，坦露出了一颗爱中华的赤子之心："朋友们！梁园虽好，非久居之乡。

归去来兮……为了国家民族，我们应当回去……"从此，开始了他数学研究真正的黄金时期。他不但连续做出了令世界瞩目的突出成绩，同时满腔热情地关心、培养了一大批数学人才。为摘取数学王冠上的明珠，为应用数学研究、试验和推广，他倾注了大量心血。

思考：华罗庚是中华民族的骄傲，我们应当怎样向华罗庚学习？

体验与探究

1. 近几年有一则经常在中央电视台播出的脑白金广告："今年过节不收礼，收礼只收脑白金。"

请问：上述广告词是否包含矛盾，如果包含矛盾，是逻辑矛盾还是辩证矛盾？

2. 三只青蛙掉进了鲜奶桶中。第一只青蛙说："这是命。"于是它盘起后腿，一动不动地等待着死亡的降临。第二只青蛙说："这桶看来太深了，凭我的跳跃能力是不可能跳出去的。我今天死定了。"于是，它沉入桶底淹死了。第三只青蛙打量着四周说："真是不幸！但我的后腿还有劲。我要找到垫脚的东西，跳出这可怕的桶！"于是，它一边划一边跳，慢慢地，奶在它的搅拌下变成了奶油块，在奶油块的支撑下，这只青蛙纵身一跃，终于跳出了奶桶。

思考一下，面对同样的矛盾，第三只青蛙为什么能够死里逃生？面对矛盾我们应有的正确态度是什么？

3. 现今学生就业压力越来越大，面对压力有的学生选择等待，有些学生选择面对，有些学生选择堕落，如此等等。请你运用内因外因的原理，谈一谈如何正确处理择业中面临的问题而成功就业。

4. 说一说你在生活中遇到的矛盾现象，并和大家交流一下，看看大家处理矛盾的方法有什么不同。

第三章　坚持实践与认识的统一，提高人生发展的能力

教学目的

使学生把握实践与认识的辩证统一、认识发展的辩证过程以及透过现象看本质等辩证唯物主义认识论的基本观点，了解科学思维方法及其作用，懂得这些观点和方法对提高人生发展能力的重要意义。

教学要求

认知：了解实践和认识、感性认识和理性认识、现象和本质的辩证关系，理解知行统一的人生观、明辨是非、科学思维方法对于提高创新能力和人生发展能力的作用。

情感态度观念：注重实践、细心观察、善于思考、是非分明、勤于读书、科学思维、勇于创新。

运用：积极投身社会实践活动，并在实践中加深对所学知识的理解；通过个人思考或集体班会活动总结人生发展过程中成功和失败的经验教训；根据对现实社会生活中存在的一些现象的分析，提高自己辨别是非的能力；运用科学思维方法提高认识问题和解决问题的能力。

第一节　知行统一与体验成功

一、实践与认识的辩证统一

（一）实践的特征和形式

在马克思主义哲学中，实践是一个核心概念，它是指人能动地改造物质世界的对象性活动。马克思主义哲学对实践本质的规定和理解，包含三层相互联系的含义：首先，实践是人类所特有的对象化活动，是人类有意识有目的地借助一定的物质手段改造客体的能动活动；其次，实践具有物质的、感性的性质和形式，无论是物质生产实践、处理社会关系实践，还是科学实验，都是人们的可感知的活动，都与人们的抽象

的观念活动有本质的区别；最后，实践是人的存在方式，人类的产生、生存、活动和本质，都是以实践为基本方式和标志的，没有以物质生产活动为基础的社会实践，就没有人和人类的产生和存在，也就没有人和一般动物的区别。

人类的实践活动具有三个基本特征：客观现实性、自觉能动性和社会历史性。

第一，实践具有客观现实性。构成实践的诸要素和前提，即实践的主体（人）、实践的对象（外在世界）和实践的手段（工具等），都是可以感知的客观实在，不仅如此，实践的广度、深度和发展过程都受着客观条件的制约和客观规律的支配，因而，实践作为改造客观物质世界的人类活动必然具有客观性。

第二，实践具有自觉能动性。实践是人自觉地、有目的地改造物质的创造性活动。实践是人所特有的活动方式，是合目的的对象性活动，通过实践活动可以使自然界产生按照其本身规律无法产生或产生的概率几乎等于零的事物，使自在世界转变为适合人类生存和发展的属人世界。

第三，实践具有社会历史性。实践是人的社会性活动，是通过人与人之间的联系和交往进行的，人们如果不以一定的方式结合起来共同活动，便不能进行生产；实践是人的历史性活动，是随着历史条件的变化而变化的，在不同的历史条件下，具体实践活动的对象、内容和水平都是不同的。

社会实践的内容极其丰富，形式多种多样，主要表现为三种基本的实践形式：物质生产实践活动、处理人与人之间社会关系的实践活动以及科学实验活动。物质生产实践活动是指人们制造和使用工具，改造自然对象以谋取物质生活资料的活动，它是"最基本的实践活动，是决定其他一切活动的东西"；处理人与人之间社会关系的实践活动是调整和解决各种社会矛盾，从事改造社会的活动；科学试验是从生产实践中分化出来的一种尝试性、探索性的社会实践活动，是以科学理论为指导，以精密的实验仪器和装备为手段，以探索和认识客观事物的本性和规律为直接目的的活动。

在实践的三种基本形式中，物质生产实践是最基本的实践活动，因为人们只有首先解决吃、喝、住、穿问题，才能从事其他的活动。处理人与人之间社会关系的活动和科学实验活动都是在物质生产实践活动中产生，又是为物质生产活动服务的。

知识拓展

实践作为一种社会现象，早就引起了哲学家的注意。古希腊哲学家苏格拉底说过，"只要一息尚存，我永不停止哲学的实践"。古希腊哲学的集大成者亚里士多德认为，"实践是包括了完成目的在内的活动"。在欧洲哲学史上，康德第一个把实践概念引入哲学，并提出了"理论理性"和"实践理性"的划分。唯物主义者费尔巴哈把实践和生活联系在一起，提出"理论所不能解决的那些疑难，实践会给你解决"。德国古典哲学的集大成者黑格尔提出了"实践理念"的概念，并把它作为达到和实现绝对理念的一个必经环节，对实践概念做了充分的辩证分析和论述。马克思之前的哲学家，虽然较早地关注了实践概念，但他们或唯物主义或唯心主义的解释都没有正确解决实践的本质问题。马克思将其哲学及一切理论活动都看做生活世界的一部分，从现实的个人、现实的生活实践出发找到了理解全部社会历史和人类自身的钥匙，从而为我们认识人类的实践的科学内涵和特征打下了良好的基础。

（二）认识及其特征

辩证唯物主义认识论从实践的视角考察认识问题，认为认识是在实践基础上主体对于客体的能动反映。认识主体、认识客体、认识工具是形成人类认识的三个基本要素。认识主体就参与认识活动的类别来讲，包括个体主体、集体主体和类主体三种。认识客体即人们认识的对象，主要包括自然客体、社会客体和思维客体。必须注意，认识客体不等同于客观存在的一切事物，只有纳入人的认识范围的客观事物才能成为认识的客体。认识的工具是连接认识主体和认识客体的中介，主要分为物质工具和精神工具两大类。

认识就其本质来讲，具有创造性、选择性及建构性三个基本特征。

1. 主体对客体的反映具有创造性。由于实践的需要，主体对客体的反映不是像一般动物那样盲目地进行，而是有目的、有意识的；也不是像一般动物那样停留在事物的表面，而是要深入到事物的内部，把握其本质和规律，从而形成概念，产生由概念—判断—推理的抽象思维活动。主体的抽象思维活动很重要，它体现了认识的创造性，这种创造性不仅可以使主体的认识由感性上升到理性，从而把握事物的本质和规律，而且能由当前的现实出发探索久远的未来，在观念中塑造出符合主体需要的理想客体。

2. 主体对客体的认识具有选择性。一般地说，客体的信息丰富而复杂，主体没有必要也没有可能反映它的所有信息，而只是有选择地反映自己必要的信息。主体对客体反映的选择性最重要的是取决于实践的需要。因为实践的需要具体地规定主体思维活动的指向性；主体思维活动的指向性又规定自己的思维定式和兴奋中心；主体的思维定式和兴奋中心又规定对客体信息的取舍。此外，主体对客体反映的选择性又受到自己感觉器官的感觉能力的制约。

3. 主体对客体反映的建构性，主要体现在主体认识结构的建构和主体对所获得的客体信息的建构两个方面。这里所谓认识结构是指主体自身由各种认识能力（包括人们在实践中观察、思维、记忆和表达等方面的能力）要素相互联系所组成的结构。在人与外界事物打交道的实践过程中，认识活动不断地反复进行，关于某类事物本质的共同性信息反复地同人的神经系统发生相互作用，通过无数次的相似性的重演，就会以符号信息的方式积淀在人的神经系统结构中，作为背景知识储存起来，形成人脑中特有的背景信息性结构。主体凭借大脑中形成的丰富的信息性结构，对获得的信息在选择、加工、改造的基础上，按照正确反映客体的要求把这些信息在大脑中重新组合成为观念信息系统，即理论系统。当然，人的这种信息结构会随时间和认识活动的发展而不断地"重构"，从而推动人的认识能力的提高。

知识拓展

一切唯物主义哲学都主张物质第一性、意识第二性，坚持从物到感觉和思想的认识路线，认为客观世界独立于人的意识而存在，认识不过是客观世界在人脑中的反映。反映论是唯物主义的基本原则贯穿于认识论的必然理论结论。一切唯物主义认识论都是反映论。不过，旧唯物主义并不真正了解实践及其对认识的作用，只是从客体的或直观的角度看待客观存在，因而也就把认识看成是对事物的消极、被动、直观的反映。

一切唯心主义哲学都主张意识第一性，物质第二性，把物质世界看作是主观或者是客观精神的产物，把认识看作是先于物质，先于实践的东西，坚持从思想和感觉到物的认识路线。

马克思主义认识论首先肯定认识是人脑对客观世界的反映，从而坚持了唯物主义反映论，同时还吸取了唯心主义认识论中的主体能动性思想，从而在哲学史上第一次解决了认识活动中主体能动性与认识的唯物主义基础相统一的问题。实践的观点是马克思主义认识论首要的和基本的观点，而以科学实践观为其基本特征的马克思主义认识论是科学的能动的反映论，是唯一科学的认识论。

(三) 认识与实践的关系

辩证唯物主义认为，认识的基本矛盾是主体和客体的矛盾，这种矛盾是通过实践与认识的矛盾而展开的。在实践与认识的矛盾关系中，实践是基础，实践决定认识，而认识又具有相对独立性，并对实践具有能动的反作用。

1. 实践对认识的决定作用

第一，实践是认识的来源。人们的认识产生于实践的需要，而且正是在实践过程中，人的感官才能接触客观事物，才能产生对客观事物的认识。直接经验是认识的"源"，间接经验是认识的"流"。从知识的总体上说，它们都来源于实践，离开实践的源泉，人们的任何认识都不能产生。

知识拓展

有人考证，西红柿原来生长在秘鲁的原始森林里，被人称之为"狼桃"。由于它艳丽诱人，人们都害怕它有毒，一直只是欣赏其美而不敢吃它。16世纪英国公爵俄罗达格里从南美洲带回国一株，献给他美丽的情人女皇伊丽莎白。从此，它便博得了"爱情果"的美名，落土欧洲，世代相传，但仍然没有人敢吃它一口。这样又过了差不多200年，法国一位画家冒着生命的风险尝了一个，感到美味可口，而且一直并未中毒。后经分析鉴定，西红柿富含多种维生素，营养丰富。于是，西红柿连同那位画家一同声名鹊起。后来，也传入了中国。

我国明代的李时珍，为了得到一手资料，穿山越岭，遍尝百草，时常被有毒的草药弄的昏迷不醒。但他没有退缩，终于写成了充满真知灼见、卷帙浩瀚的《本草纲目》并流传于世。

思考：法国那位画家冒险尝西红柿和中国古代的李时珍遍尝百草的故事说明了什么道理？你有过这样的亲身体会吗？

第二，实践是认识发展的动力。社会实践不断地给认识提出新课题，规定认识发展的方向；社会实践还为回答新问题提供了必要的经验材料，使发展新的科学知识成为可能；社会实践不断地给人们认识事物提供观察和研究的物质手段，使认识得以向广度和深度扩展。

第三，实践是认识的最终目的。认识的目的在于指导实践，为实践服务，为人类造福。一切科学理论离开了为实践服务这个根本目的都将失去其存在的意义。人之所以产生认识这种社会的高级反映形式，其根本原因在于实践的要求。从根本上讲，认识从实践中来，又最终以实践为目的的这一点是不会改变的。

第四，实践是检验认识真理性的标准。要检验和判定某种认识是否符合实际，即是否具有真理性，需要有一个客观的可靠的标准，这个标准也只能是实践。实践之所以成为检验认识真理性的标准，是由认识的本质和实践的特点所决定的。

2. 认识对实践的反作用

在实践和认识的关系中，实践是矛盾的主要方面，实践决定认识，然而，认识一经产生便具有相对独立性，对实践具有能动的反作用，对于实践活动具有不可或缺的指导意义。认识反作用于实践有两种情况：一是正确的理论指导实践会使实践顺利进行，达到预期的效果；二是当错误的理论指导实践时，就会对实践产生消极乃至破坏性的作用，使实践失败。实践需要以正确的认识作为先导，没有理论指导的实践是盲目的实践。在科学技术高速发展的现代，认识对实践的导向、预测、促进作用变得越来越重要。

（四）认识发展的辩证过程

实践决定认识，认识依赖实践的关系，如果作为动态的过程来考察，就会发现认识的发展也是遵循着自身的辩证规律进行的。毛泽东把认识的辩证过程概括为"物质变精神，精神变物质"，即由实践到认识，又由认识到实践的过程。就一个具体认识的过程来说，往往需要经过实践和认识的多次反复才能够完成；而从认识的深化和无限发展来说，则需要经历实践、认识、再实践、再认识的循环往复，以至无穷的过程。

1. 从实践到认识。这是认识发展过程的第一次飞跃。认识的辩证运动，首先表现为从实践到认识的过程，在这个过程中，经历着从感性认识向理性认识的转化。感性认识是认识的初级阶段，是人们通过各种感觉器官与外界事物相接触所获得的表面特征和外部联系的认识。感性认识有感觉、知觉、表象三种形式，理性认识是认识的高级阶段，是对事物全面的、本质的、内部联系的认识，是运用概念进行判断和推理的阶段。理性认识也有三种形式，即概念、判断、推理。从感性认识上升到理性认识是认识过程的第一次飞跃，这次飞跃所以必要，是因为感性认识只是具有直接性和形象性的特征，并没有把握事物的本质。只有在调查研究的基础上对各种感性材料进行"去粗取精、去伪存真、由此及彼、由表及里"的科学分析，才能使认识超出对客观事物的直观感觉，深入到事物的内在本质，实现认识过程从低级阶段向高级阶段的转化。

【案例】孔子率弟子周游列国，被困于陈、蔡之间，只能吃野菜汤，七天没有尝到一粒米了，白天也只得睡觉。一次，颜回（孔子的学生）去讨米，讨到了米后烧火做饭。由于饥饿难忍，坐在树下读书的孔子总是不时地看看正在做饭的颜回。饭快熟时，孔子看见颜回用手从锅里抓饭吃，心中很是不快。饭熟了，颜回献上饭食，孔子站起来说："我今天梦见死去父亲，这饭要是还干净的话，就用来祭祀。"颜回回答说："不行，刚才灰粒掉进了锅中，扔掉那带有煤粒的饭食太可惜了，我就用手抓着吃了。"孔子叹息着说："所信者目也，而目犹不可信，所恃者心也，而心犹不足恃。弟子记之，知人固不易矣。"（人们相信的是自己的眼睛，而眼睛看到的仍然不可信；我所依靠的是心，但心也仍不完全可靠。弟子们要记住，认识和了解一个人真不容易啊）

思考：根据所学有关原理，谈谈为什么说仅靠感觉还不足以认识事物的真面目。

2. 从理性认识到实践。认识从实践开始，经过实践得到了理论的认识，还须再回到实践去。认识的能动作用，不但表现于从感性认识到理性认识之能动的飞跃，更重要的还表现于从理性认识到革命的实践这一飞跃。理性认识指导实践并接受实践检验的过程，也是它不断得到发展和完善的过程。从理性认识到实践的飞跃所以重要，是因为理性认识可以使实践具有明确的方向，可以在实践中得到检验和发展，更重要的是还可以使理性认识在指导实践的过程中把观念的东西变成现实，实现理性认识的实际价值。

理性认识回到实践，指导实践，要坚持从客观实际出发的原则。理性认识反映了事物的本质和规律，具有普遍性的特征，而任何实践改造的对象总是特殊的东西，因此，运用理性认识指导实践活动，必须从实际出发，根据客观实际的具体情况找到解决问题的办法。如果不从实际出发，把已有的理性认识当成教条到处乱套，就不能在实践中达到自己的目的。

【案例】《史记》记载：战国时期，赵国大将赵奢有一个儿子叫赵括，从小熟读兵书，爱谈军事，别人往往说不过他，因此他很骄傲，自以为天下无敌。然而赵奢却很替他担忧，认为他不过是纸上谈兵。果然，公元前 259 年，秦军来犯，廉颇为统帅，秦军难以取胜。于是秦王施行了反间计，赵王上当受骗，派赵括替代了廉颇。赵括却死搬兵书上的条文，结果四十多万赵军尽被歼灭，他自己也被秦军箭射身亡。

思考：赵括熟读兵书却打败仗的事例，说明了哪些道理？这个故事对我们力求知行统一有什么启示？

3. 认识运动的不断反复和无限发展。从实践到认识，又从认识到实践的两次飞跃，只是认识过程的一次循环。一般说来，经过这一次循环，人们还不能完成对一个具体事物的认识，也不能在实践中达到自己的目的。对复杂事物的认识，反复尤其不可避免。就认识过程的推移来说，认识运动是无限发展的，旧的过程完结了，新的过程又开始了，而旧过程的完结往往是新过程的起点。

认识的辩证运动过程其实就是"实践、认识、再实践、再认识……"的循环往复无限发展的过程。这一过程深刻地体现了认识运动的基本规律，体现了在实践过程中认识的不断深化。

把握认识运动的基本规律具有重要的意义。根据认识发展的基本规律，马克思主义哲学强调认识和实践、主观和客观的具体的历史的统一。认识和实践的统一是具体的，是指认识要同一定时间、地点、条件下的客观、实践相符合。实践是具体的，在实践中产生的理论也必然是具体的。认识和实践的统一是历史的，是指实践总是发展的，认识要同不断发展变化的实践相符合。认识与实践的具体的历史的统一要求人们，当实践的具体过程已经向前推移的时候，理论就应当随之而转变，否则就会犯思想落后于实际的错误；当实践的具体过程尚未结束，向另一具体过程推移转变的条件还不具备的时候，如果人们硬要强制推移，把将来才能做的事情勉强拿到现在来做，企图超越历史阶段，就会犯冒险主义的错误。

二、坚持知行统一的人生观

辩证唯物主义关于认识与实践辩证统一的原理，要求我们立足实践，不断提高认识事物和把握事物的能力，这就要求我们青年学生树立知行统一的人生观。

知识拓展

在中国历史上，"知"指的是认识，"行"指的是实践。知行问题是古人在探求知识、求证知识、检验真理时的一种常用方法。传统的知行观内容相当宽泛，包括一切认知、心理活动，例如，为学（求学）、作念（起念）都被看作知的内容。所以，知包括知识和认识活动以及较为低级的知觉活动。行：含义很广泛，包括一切物理活动、生理活动，也就是泛指的一切行为。中国传统哲学也将行称为：践履。

人生活在世界上，每一天都要认识和解决问题，同时，大量的事实表明，每个人认识事物和解决问题的能力是不同的，有的人能力比较强，有的人能力则比较弱；有的人认识事物比较快，有的人认识事物则比较慢。每个人认识事物的能力大小不同，判断事物和认识问题的效果就大不相同，从而影响了人生的发展。青年学生要获得人生的成功，不但要坚持知行统一的人生观，把认识与实践相统一的理论应用于现实生活，而且要正确认识和客观看待自身能力水平，既要仰望星空，又要脚踏实地，才能最终走向成功的彼岸。

（一）能力与人生发展

坚持知行统一的人生观，需要我们不断提升自我发展的能力。由于外部环境和内部素质的差异，人们在实践活动中表现出来的能力往往有所不同。能力是主体顺利完成某项活动的个性心理特征。能力大小直接影响活动效率和效果，一定的能力总是和人们所完成的一定活动紧密联系在一起，离开了人参与其中的具体活动，既不能表现人的能力，也不能发展人的能力。

按功能划分，能力可以分为认知能力、操作能力和社交能力；按层次划分，能力也有一般能力和特殊能力之别。一般能力是指人们的观察、记忆、思维、想象等能力，通常也称为智力，它是人们完成任何活动所不可缺少的，是能力中最主要和最为基础的部分。特殊能力是指人们从事特殊职业或专业需要和具有的能力。人们从事任何一项专业性活动既需要一般能力，也需要特殊能力，二者的发展也是相互促进的，而认知能力、操作能力和社交能力则是交汇于人的一般能力和特殊能力之中，共同促进人们能力的发展和进步。

在新的历史时期，在建设学习型社会的大背景下，青年学生学习能力的高低不但影响个体素质的塑造，而且成为用人单位衡量被选人才的一个重要标准，作为当代青年学生，当然需要具备适应社会发展和竞争环境的综合能力和素质，在这些能力中，学习能力对青年学生来讲无疑是异常重要的。学习能力并非单单指的是学习书本知识的能力，更重要的是把书本知识转换为实际操作能力和在毕业以后的工作中继续学习的能力。在实际工作中，青年学生在学校学习的书本知识已经远远不能满足需要，因此，以自我提高为目的的自我学习能力是人生发展的重要需求。作为当代青年学生，必须端正学习态度，不断提高自我学习以及不断学习的能力，以此来适应飞速发展和不断变化的社会。

知识拓展

能力是顺利完成某种活动所必需的，并且直接影响活动效率的个性心理特征。能力的发展随年龄增长而不断变化，从而呈现出一定的规律性。

（1）童年期和少年期是某些能力发展最重要的时期。从三四岁到十二三岁，智力的发展与年龄的增长几乎等速。以后随着年龄的增长，智力发展趋于缓和。

（2）人的智力在18～25岁间达到顶峰（也有人说是40岁）。智力的不同方面达到顶峰的时间是不同的。

（3）根据对人的智力毕生的发展的研究，人的流体智力在中年之后有下降的趋势，而人的晶体智力在人的一生中是稳步上升的。

（4）成年是人生最漫长的时期，也是能力发展最稳定的时期。成年期又是一个工作时期。在二十五六岁至四十岁之间，人们常出现富有创造性的活动。

（5）能力发展的趋势存在个体差异。能力高的发展快，达到高峰的时间晚；能力低的发展慢，达到高峰的时间早。

不断提升人生发展的能力，对实现人生成功具有重要作用。当前我国的社会环境为每个人获取成功提供了良好的条件。个人能否成功，关键在于自身整体素质的高低，因此，人们需要在知行统一中把认识能力不断转化为实践能力。

【案例】 齐白石是我国著名的书画家和篆刻家。但他原是一位雕花木工，只在余暇学画和篆刻。27岁那年春节期间，当地书画家给齐白石出了个画题让他完成。作完后，附近会琴棋书画、诗词歌赋又喜结交朋友的秀才胡沁园先生十分惊喜，遂收齐白石为徒。他教齐白石读唐宋诗，并引导他看书。齐白石非常珍惜这个机会，常常读到深夜。胡沁园还从"立意""用笔"等基本功入手教授齐白石，把自己珍藏的古今名画借给他观摩。齐白石揣摩"八大山人"的作品，临摹、领会其用笔之妙，吸取百家之长，绘画技艺突飞猛进，不足一年就掌握了山水、人物、花鸟的基本画法和技巧。

在老师的言传身教下，他苦练书法和刻印。短短几年时间，齐白石在绘画、篆刻、吟诗、书法、装裱等方面都取得了惊人的成绩，成为名满天下的书画家。由于齐白石的不懈努力，不断提升了自己的能力，最终使自己从一位普通的雕花木匠转变成名满天下的书画家。

齐白石成功的例子告诉我们一个道理：在人生发展的道路上，每个人只要在实践中不断反思、不断提升自己的发展能力，勇于实践，踏实肯干，持之以恒，最终会在人生道路上取得成功的。

思考：结合齐白石成功的例子，谈谈你是怎样提高自身发展能力的。

（二）在知行统一中提高人生发展能力

知行统一是马克思主义认识论的一个基本观点。行是知的目的，知而不行，知就会丧失意义；行受知的指导，行而不知，行就会变得盲目。从人的认识过程看，提高人生发展能力当然离不开实践，人们需要在实践中不断磨炼和探索，做到知行统一。美好的人生价值要靠社会实践才能化为现实，这就需要我们在知行统一中提高人生发展能力，因此，对于青年人来讲，在知行统一中提高自我的发展能力就要坚持两个结合：

首先，要坚持走与人民群众相结合的道路。与人民群众相结合，为人民群众服务，是人生发展的方向。偏离了这个方向，人生也就失去了它的真正价值。同时，人民群众是社会物质财富和精神财富的创造者，是推动社会进步的根本动力。在人民群众中蕴藏着无穷的智慧和巨大的力量。人民群众犹如生养我们的母亲，同人民群众相结合，能够增长知识，拥有自信，提高能力水平。离开了人民群众就会一事无成。

知识拓展

古希腊有一个著名神话故事，叫做"安泰之死"。安泰是个英雄，是海神和地神之子。无论多么残酷的战斗，只要他不离开地面，不离开大地母亲的怀抱，他就会有源源不竭的力量。这是安泰的制胜法宝，同时也成为他的灭顶罩门。后来，另一位神赫拉克勒斯抓住他这一弱点，当安泰忘乎所以时，乘机将他扼死在空中。

思考：根据"安泰之死"的故事，谈谈提高自身发展能力水平的根本途径是什么，为什么？

其次，要走与社会实践相结合的道路。社会实践是知识创新的源泉，是检验真理的试金石，也是青年锻炼成长的有效途径。青年学生不仅要刻苦学习书本知识，而且要努力与社会实践相结合，在社会实践中探求真知。艰辛知人生，实践长才干，这是古往今来许多人成就事业的经验总结。懂得了这个道理，我们就应当既重视书本知识，又重视社会实践，把从书本上学来的知识运用于指导实践，又在实践中验证书本知识，加深对书本知识的理解，并在实践中获得书本上所没有的新东西。

人民群众是实践的主体，社会实践是人民群众创造物质财富和精神财富，推动社会进步的根本方式，同人民群众相结合、与社会实践相结合是一而二、二而一的关系。只有贴近群众才能贴近实际、贴近生活；只有贴近实际、贴近生活才能贴近群众，才能为群众服务，向群众学习，才能自觉地在知行统一中提高人生发展能力。

三、正确对待人生中的成功与失败

"成功"与"失败"就像一对孪生姐妹，自从人类诞生的那一天起，他们就携手来到了世上，只要有人类活动，就会有成功与失败。历史也是在成功与失败的交替中得以前行的。可是，出于个人愿望，有的人总是主观地认为失败所代表的是深渊，是低谷，是无法战胜、无法翻越的高墙，是人生所有的悲哀与不幸；而成功才能给人们带来满足、喜悦、幸福和自信。如果用辩证的观点看待成功和失败，问题并不是那么简单。

知识拓展

清代文学家蒲松龄落第之后愤而著书，才写出《聊斋志异》。著名化学家欧立希经过了605次的失败，才发明了药物"606"。有"发明大王"之称的爱迪生，一生发明了1000多项新产品，但每一个新发明的诞生，都经历过无数次失败。在一项新发明的试验过程中，他失败了8000多次，但他仍然乐观地说："失败也是我所需要的，8000次失败，起码使我知道了有8000个办法行不通……"

思考：你有过令自己感到特别具有成就感、特别激动的经历吗，是什么？

（一）成功与失败的辩证关系

成功与失败是对立统一的关系，它们既相互区别，又相互联系，并能在一定的条件下相互转化。成功与失败是相互区别的。成功就是人们在自己的活动中达到了事先设定的目标；而失败则是人们在自己的活动中没有达到预期的目的。成功和失败总是相比较而存在，没有成功就没有失败，没有失败也就无所谓成功。成功和失败又是相互包含、相互转化的。失败当中往往孕育着成功，成功往往是从失败中发展而来的；成功的背后也往往隐藏着失败的危险，但失败又造就了成功，失败是通向成功的途径。在人生发展过程中，成功和失败之间的相互转化决定于一定的主客观条件，是受一定主客观条件制约的。

【案例】 我国数学家陈景润为解决"哥德巴赫猜想"，坚持每天凌晨 3 点起床学外语，同时每天都去图书馆。他总是专心致志地从事学习和研究，有一天中午，管理员临走时曾大声喊图书馆里边是否有人，但全神贯注的陈景润根本没有听见而被反锁在里边。对此，他只是毫不介意地微笑一下，又重新回到书堆里边。最终，陈景润成为享誉中外的数学大师。

思考：想一想，陈景润成功的条件是什么？

（二）正确对待人生道路上的成功与失败

怎样正确处理成功和失败的关系，是每一个人都要经常面对的一个问题。正确的态度就是既要理智地看待成功，又要冷静地看待失败。

领受成功的欢欣，享受收获的喜悦，这是每一个人都具有的正常心态。然而，要想在成功的道路上继续前进，最重要的是善于总结经验，从成功的经验中找出带有规律性的东西。领受失败的折磨，忍受失败的煎熬，这是许多人都有过的经历。然而，要想摆脱失败的尴尬，最重要的是找出失败的原因，接受失败的教训，找到重新崛起的办法。

在现实生活中许多人却往往只能欣赏成功的结果，不能接受失败的现实，承受失败的打击。殊不知，面对失败，苦恼和沮丧只会使自己在消沉的泥沼里越陷越深。人生之路漫长而坎坷，我们不能因失败而失意、失志。因为，你失败了，但你绝不是失败者。失败只是对奋斗过程中某一环节的努力的评价；而失败者，却是对一个人整个一生的论断。前者使人觉得有希望，而后者却只给人带来失望与消沉。因此，面对失败，我们应愈败愈勇，屡败屡战，锲而不舍，成功可能就在再坚持一下。

知识拓展

公元前 494 年，吴王夫差率兵把越王勾践打得大败，勾践被包围，无路可走，准备自杀。这时谋臣文仲劝他答应向吴国投降，并送美女西施和珠宝换得吴王将军队撤回了吴国。

吴国撤兵后，勾践带着妻子和大夫范蠡到吴国伺候吴王，放牛牧羊，终于赢得了吴王的欢心和信任。三年后，他们被释放回国了。

勾践回国后，立志发愤图强，准备复仇。他派文仲管理国家政事，范蠡管理军事，他亲自到田里与农夫一起干活，妻子也纺线织布。他怕自己贪图舒适的生活，消磨了报仇的志气，晚上就枕着兵器，睡在稻草堆上，还在房子里挂上一只苦胆，每天早上起来后就尝尝苦胆。勾践的这些举动感动了越国上下官民，经过十年的艰苦奋斗，越国兵精粮足，转弱为强，终于灭掉了吴国。

思考：撇开具体的历史背景，谈谈"卧薪尝胆"这一典故体现了什么精神。你能再讲几个体现这种精神的动人故事吗？想一想，从失败中奋起，并从失败走向成功的条件是什么？

四、正确处理读书与实践的关系

读书与实践的关系本质上也是一种知行关系，在文明社会中，二者相互依赖、相互促进。读书是为了实践，实践就需要读书。书本知识是实践经验的总结。人们之所以要总结实践经验从而形成书本知识，完全是为了服务于实践；而要提高实践的自觉性，要成功地达成实践的既定目标，就必须努力学习书本知识，打牢知识基础。

"读万卷书，行万里路"，是古人一直奉行的为学和为事的准则，也是青年学生处理读书与实践关系的正确原则。"读书破万卷，下笔如有神。"没有丰厚的知识积累，任何人都难以在人生的路上畅通无阻地前行。为此，我们必须在青年时期多读书，读好书，在读书的过程中感受先贤圣哲的睿智和知识海洋的广阔。但是，只有理论知识的人生未必是成功的人生，如果我们不能在实践中将自己掌握的知识转化为为人民为社会服务的实践能力，这样的知识再多再好也是一点用处也没有的。为此，我们必须能够把所学的理论知识在实际的工作和生活中转化为实际的能力和行动，在行动中领悟书本知识的真谛和知识财富的价值。

体 验 与 探 究

1. 古人学问无遗力，少壮工夫老始成。纸上得来终觉浅，绝知此事要躬行。这是南宋爱国诗人陆游的一首教子诗，谈谈这首诗蕴含的哲学道理。

2. 曾国藩率军与太平军作战，但连遭惨败。无奈之下，只得向皇上禀报战况，在奏章上写下了"屡战屡败"的字眼，以显示自我责备之心情。其军师读完奏章连连摇头说："不可，不可！"军师觉得如此上报，曾国藩会有革职甚至杀头的危险。于是提笔将"屡战屡败"改为"屡败屡战"。曾国藩看罢，不禁拍案叫绝。

结合学过的有关知识，想一想"屡战屡败"和"屡败屡战"的含义有何不同。

3. 什么是实践，简述实践的特点和形式。

4. 论述实践和认识的辩证关系，并说明掌握实践和认识辩证关系的原理有何重要意义。

第二节　现象、本质与明辨是非

一、现象与本质的辩证关系

（一）现象与本质的内涵及辩证关系

任何事物既有为我们感觉所能感受的表现以外的一面，又有深藏于内的，制约着外在各种变化的内在的一面。要认识和把握客观事物，就要从现象进而到本质。

本质是事物的根本性质，是构成一事物的各种必要要素的内在联系。事物的本质是以自身所包含的特色矛盾为基础的，本质总是类的本质，是一类事物之所以区别于他类事物最根本的东西，因此，它是普遍性和共性。和本质不同，现象是事物的外部联系和表面特征，是事物本质的外部的和具体的表现，是一事物的各种个性、特殊性、具体性的总和。

知识拓展

中国传统哲学中的道与器、理与气，在一定程度上具有现象和本质的含义。《周易·系辞上》中指出"形而上者谓之道，形而下者为之器"。形而下者指有形体的具体东西，即现象；形而上者指包含于器中的无形的东西，即抽象的共性，其中就包括本质。朱熹是比较明确地把道与器的关系理解为本质与现象的哲学家。他认为："天地之间，有理有气。理也者，形而上之道也，生物之本也；气也者，形而下之器也，生物之具也。"

现象和本质也是西方哲学史中一对极其古老和重要的范畴。柏拉图提出理念世界，并认为现象世界是理念世界的影子，这就明显涉及了现象与本质的范畴。亚里士多德把本质理解为使一事物成为该事物的规定性，认为定义所表达的就是本质。黑格尔以现象和本质的对立统一作为他的哲学体系的总框架，借此论述了他的辩证法思想。

任何事物都有自己的现象和本质两个方面，是现象和本质的统一体。现象和本质是对立统一的辩证关系：

现象和本质的相互区别，表现在现象不是本质，本质也不是现象。这是因为，现象是表面的、外在的、裸露的，因而可以为人们的感官所感知；本质是隐蔽的、内在的，只有靠思维才能把握；现象是个别的、片面的东西，而本质则是同类现象中一般的、共同的东西，因此，现象比本质丰富、生动，本质比现象单纯、深刻；现象是多变的、易逝的，本质则是相对稳定的。

知识拓展

在中国，"伯乐相马"是一个脍炙人口的故事，说的是春秋时代一个被称为伯乐的人，特别善于鉴马。有一次，伯乐受楚王的委派，寻找能日行千里的骏马。伯乐遍访各国无果，十分着急。一天，伯乐正在路边歇脚，只见过来一匹瘦马，骨瘦如柴，因是上坡，甚是吃力，但伯乐寻马心切，还是走近仔细查看，不料那马突然昂头，大声嘶鸣，伯乐从声音中听出，这是一匹难得的好马，当即买下，带回楚国。楚王见马瘦骨嶙峋，还以为伯乐是在愚弄自己，很是不悦，伯乐却说是只要精心喂养，不出半月，这马就会恢复体力。楚王虽将信将疑，但凭着对伯乐的信任接受了他的主意。果然，经过一段时间的调养，那马变得膘肥精壮，后来为楚王驰骋沙场立下不少功劳。

思考：在现实生活中，你是怎样去判断现象和本质之间的区别的？

现象和本质辩证统一的表现是二者的相互依存。就是说，现象和本质是构成客观事物不可分割的两个方面：一方面，现象不能脱离本质，它总是以本质为根据，并从各方面表现着本质，即脱离本质的现象是不存在的，即使是假象也是事物本质的表现；另一方面，本质也不能脱离现象，本质总是现象的本质，任何事物的本质都要通过这样那样的现象表现出来，脱离现象的赤裸裸的本质也是不存在的。

现象对本质的表现具有多样性与复杂性。大千世界，现象与本质的关系是非常复杂的。同一现象可以表现不同的本质，同一本质在不同的条件下可以表现为不同现象，有的相同的现象隐藏着不同的本质，有的不同的现象却是同一本质的表现。不仅如此，现象还有真相与假象之分。真相是从正面直接表现本质的现象，假象是从反面歪曲地表现本质的现象，它也是本质的一种表现，但却是本质在特定条件下的表现。

假象和错觉不是一回事。错觉是由于人的感觉上的错误造成的，属于主观范畴，假象则是客观存在的东西，它是一种现象，属于客观范畴。我们在研究事物的现象与本质的关系时，不仅要把现象和本质区分开来，而且要把真相和假象以及假象和错觉区分开来。

（二）掌握现象与本质辩证关系的意义

现象和本质的辩证关系的原理，给我们提供了认识事物的科学方法，具有重要的方法论指导意义。

第一，现象与本质的对立，说明了科学研究的必要性，它告诉我们对事物的认识不能停留在表面现象上，认识了事物的现象不等于认识了事物的本质。正如马克思所指出的那样：

"如果事物的表现形式和事物的本质直接合而为一，一切科学就都成为多余的了。"又正因为本质和现象的统一，才有科学研究的可能性。本质总要通过现象表现出来，现象也总是表现着本质，因此，人们可以通过对于大量现象的研究去发现事物的本质，达到科学的认识。

第二，要不断深化对事物本质的认识。从现象进入本质是认识的深化，却不是认识的终结。人们在一定程度上认识到了事物的本质和规律以后，还必须在这种认识的指导下，继续研究尚未研究过或者尚未深入研究过的现象，这样才能不断地补充、丰富和加深对事物本质的研究和认识。这是因为事物的本质有一个逐渐暴露、逐渐展开的过程，人们的认识能力、认识水平也需要在实践过程中不断提高。既然如此，要不断深化对于事物本质的认识，就需要坚强的毅力，付出艰辛的劳动。

知识拓展

人类首先是通过光来认识世界的，那么光究竟是什么呢？光的本质是什么呢？人类自古以来就孜孜以求之。但是，人们对光的深刻认识只有到了近代才真正开始。从17世纪人们开始了对光的本质进行了深入的研究和探讨。

荷兰物理学家惠更斯在1690年发表了《光论》一书，认为光是某种波动，在弹性介质中以波的形式向周围传播。牛顿的《光学》则认为光是一种粒子，是从光源发出的一种物质微粒，在均匀介质中以一定的速度转播，持光为粒子和光为波两种观点的人争论了一个多世纪。后来，英国物理学家、数学家麦克斯韦在1864年发表了著名的《电磁场动力学理论》，确认了光就是一种电磁波。这时惠更斯在光学上的理论完全战胜了牛顿。可是进入了20世纪，量子理论和相对论相继建立，在1905年爱因斯坦发表了他的著名论文《关于光的产生和转化的一个试探性观点》，他提出了光量子的概念，并写出了光量子的能量表达式，牛顿的光学观点又得到了进一步的确认。到20世纪20年代，法国著名物理学家德布罗意创立了物质波动学说，他指出光具有波动性和微粒性的二象性，很多学者都认为"二象性"是对光的本质的最准确和全面的表述，从而结束了光到底是波动还是粒子的争论，统一了人们对光到底是什么的认识。时至今日，在我们的教科书上就是将光的本质看做为具有波、粒二象性的。

这就是到目前为止对光的本质认识的主流观点或者说是经典的公认的观点。

思考：结合自己的体会，说明对事物本质认识的不断深化的过程。

二、揭示事物的本质，提高人生发展能力

在日常生活中，人们对事物认识的速度有快有慢，程度有深有浅，其所以如此，是因为人们的认识能力水平不同。有的人罗列了一大堆现象，但总是不得要领，总是找不到事物的本质。这种情况不仅直接影响人们对事物的认识，更影响到办事效率和

实践结果。要提高人生发展能力，就要努力做到透过现象把握事物的本质。

第一，要深入实际，反复实践，全面把握事物的各种现象。现象是认识入门的先导，认识事物只能从认识它的现象开始。但是，事物是复杂多变的，往往是真相和假象混杂，本质的东西和非本质的东西同在。要做到透过现象认识本质，就必须占有十分丰富的合乎实际的感性材料。就是说，无论认识什么事物，一定要获得大量的感性材料，如果仅仅看到一些局部的、一鳞半爪的现象就急于下结论，那是必然要犯错误的；同时，获得的感性材料一定要合乎实际，如果只是凭着道听途说的途径得到的东西或者假象去下结论，就必然歪曲事物的本质。这就要求我们必须深入实际，认真进行调查研究。调查研究也是认识世界的过程，没有调查就没有发言权。

知识拓展

《战国策》中有一名篇《邹忌讽齐王纳谏》，其中记载了邹忌现身说法谏请齐王广开言路的著名事例。有一天，邹忌先后问自己的妻子、小妾和客人，他和城北徐公谁更美丽。三人都说他比城北徐公要美得多，当时，邹忌心里十分高兴。第二天，徐公来会见邹忌，谈话中邹忌反复观察徐公的容貌，深感自己不如他漂亮。邹忌想了又想，终于领悟了其中的奥妙："吾妻之美我，私我也；妾之美我者，惧我也；客之美我者，有求于我也。"

于是，邹忌入朝拜见齐威王，说："我确实知道自己不如徐公美。我的妻子偏爱我，我的小妾害怕我，我的客人想要有求于我，都说我比徐公美。如今齐国有方圆千里的土地，一百二十座城池，宫中的姬妾，没有谁不偏爱大王的；朝廷的大臣没有谁不害怕大王的；齐国之内没有谁不有求于大王的。由此看来，大王受蒙蔽很严重啊！"

齐威王接受邹忌的劝谏，昭告天下："所有的大小官员和百姓能当面指责我的过错的人，得上等的赏赐；上书劝谏我的人，受中等的赏赐；能在众人聚集的公共场所指责议论我的过错，并让我听到的人，受下等的赏赐。"命令刚刚颁布，大臣们都来进谏，宫廷像集市一样热闹。几个月之后，有时偶尔有人来进谏。一周年之后，即使想要说的，也没什么值得进谏的了。燕、赵、韩、魏等国听说了这件事，都来朝拜齐威王。这样，齐威王身居朝廷，在没有用兵的情况下，就征服了别国。

思考：想一想，这个小故事蕴含着什么道理。

第二，要开动思想机器，对大量现象以及它们之间的相互关系进行科学的分析和研究，以使得对现象的认识上升到对事物本质的把握，对事物的感性体验上升到理性思考。在对现象的分析研究中，特别要注意区分真相和假象，要善于从假象的背后揭露事物的本质。

知识拓展

对大量现象以及它们之间的相互联系进行分析和研究的过程，也是发挥人脑思维能动性的创造性过程，一个思想上的懒汉或无所用心的人，是不能认识事物规律的。只有善于思索的人才可能把握真理。正是因为如此，毛泽东反复强调要"开动机器""凡事应该用大脑想一想""多想出智慧"。三国时期的诸葛亮，初出茅庐对天下大势就了如指掌，是他善于思考、发挥思维能动性的结果。事实上，当时的诸葛亮只有二十几岁，实践经验未必丰富，但他善于分析当时社会斗争形势，因而能得出正确的结论。他认为，曹操已有百万之众，挟天子以令诸侯，此诚不可与之争锋；孙权据有江东，已历三世，国险而民附，贤能为之用，此可以为援而不可图也。只有荆州、益州的统治者暗弱，不能守业，这才是刘备的用武之地。

后来事实证明诸葛亮的分析是正确的。

思考：列举实例说明"开动思想机器"对透过现象看本质的重要意义。

第三，要坚持解放思想、实事求是、与时俱进、开拓创新，反对机械地搬运某种理论认识，或把片面的经验视为普遍真理的错误倾向。实践在发展，新事物也在不断出现，我们只有不拘泥某种成规或定式，在实践中研究新事物，解决新问题，才能有所发现，有所发明，有所创造。如果只满足于认识上的一孔之见、实践中的一功之得，就不能深化和拓展我们的认识，也不能在人生过程中创造出任何新的东西。

第四，要坚持实践标准，接受时间的考验。实践是检验真理的唯一标准。一种认识是不是真理，是不是真正地把握了事物的本质和规律，只有把这种认识拿到实践中去，接受实践的检验，才能够最后判定。另外，实践是一个变化发展的过程，因而，对于一种认识，特别是对于一种较为复杂的认识，还需要接受时间的考验，如果没有不屈不挠的毅力，无视实践的发展而匆忙地下结论，也是十分有害的。

知识拓展

赠君一法决狐疑，不用钻龟与祝蓍。试玉要烧三日满，辨材须待七年期。

周公恐惧流言日，王莽谦恭未篡时。向使当初身便死，一生真伪复谁知？

——白易《放眼》

白居易在这里说，我送给你一个鉴别事物真假的办法，非常灵验。那就是宝玉也好，优秀的材质也好，都必须得经过一定的时间考验才能识别出来，因此，当年周公忠心耿耿辅佐成王的时候，有多少人说他怀有篡位的阴谋？但最后大家还是看出周公的赤胆忠心；又比如当年王莽辅佐幼小的汉朝皇帝，那态度多么的谦恭和顺，差不多朝野上下的人都在说他是个天底下的第一好人，可又有谁知道他后来居然会篡位自立呢？"向使当初身便死，一生真伪复谁知？"如果周公和王莽都在大家没有搞清真相的时候就死去了，那么他们真正的人格人品就没人能够知道了。这至理名言，足可以惊世骇俗。

思考：以古为鉴可以知得失，以史为鉴可以明荣辱，通过上述白居易的诗篇及解释，我们能从中得到什么启示？

三、明辨是非是做人的基本条件

人们处在相互联系的社会关系之中，难免会受到复杂多变的社会现象、社会风气的影响，接触到形形色色的人，碰到各种各样的事情，而社会生活又是复杂多样的，是非混杂、鱼目混珠、真假混淆的情况时有发生，现象和本质的区分在这些影响之下变得模糊，由此，明辨是非就成为我们社会生活必须具备的基本条件。

（一）明辨是非的意义

"是"即真、正确，"非"即假、不正确，明辨是非也即是要求人们在处理社会及个人事务时要善于区分真、善、美和假、恶、丑，做一个正直的对社会对人民有用的人。

明辨是非，是做人的基本条件。因为明辨是非是一种主持公道、维护正义、疾恶如仇的品质，也是一种勤于实践、善于思考，通过复杂的现象把握事物本质的能力，更是一种敢于坚持真理、修正错误、公而忘私、服务大众的境界。我们只有明辨是非，区分善恶，辨析真假，才能决定自己应该做什么，不应该做什么，才能抵制诱惑，扬善抑恶，才能成为一个高尚的人，一个纯粹的人，一个有道德的人，一个才思敏捷、睿智通达的人，一个志存高远、有益于社会有益于人民的人。

【案例】2007年感动中国十大人物之一的陈晓兰，作为理疗科医生，多年来致力于医疗器械行业打假。2007年，她揭露上海协和医院的黑色交易，最终让上海协和医院关门，这是中国医疗打假领域一个具有里程碑意义的重大事件。

陈晓兰打假，维护的是公共利益，但也触犯了某些人的利益。她被一些奸商列入"黑名单"，也让一些贪官咬牙切齿，因为她是无良商人的眼中钉、肉中刺，同时也触动了某些官员的利益。因为打击假劣医疗器械，她被迫离职，提前退休，"四金"被强制封存。但陈晓兰无怨无悔，在大是大非面前决不退却，坚守良心。多年来，被她揭露的各种医疗器械超过20种，被称为"中国医疗器械打假第一人"。

思考：陈晓兰明辨是非的根据是什么？你是怎样理解做人的基本条件的？

（二）把握明辨是非的标准，提高科学素养

做到明辨是非，需要我们明确判断和衡量是非的标准。在现实生活中，一般有社会公认的道德规范和所处社会制度下的法律规定两种标准。前一种是非标准是从道德价值观的角度出发来衡量人们的行为，后一种是非标准则是从制度层面出发评判是非的刚性标准，二者共同构成了人们明辨是非时所使用的标准体系。

做到明辨是非，需要我们提高科学素养，就应当了解必要的科学知识，具有科学精神和科学世界观，用科学态度和科学方法去判断事物。没有科学素养，就不能正确地解释自然现象和社会现象，不能做到明辨是非。

知识拓展

孔子到东方游学，曾见有俩小儿在路边争论不休，于是他就让马车停下来，走到跟前去问他们："小孩儿，你们在争辩什么呢？"其中一个小孩道："我认为太阳刚出来的时候离我们近一些，中午时离我们远些。"而另一个小孩则争辩说："我认为太阳刚升起来时远些，中午时才近些。"先说的那个小孩反驳说："太阳刚出来时大得像车盖，到了中午，就只有盘子那么大了。这不是远的东西看起来小，而近的东西看起来大的道理吗？"另一个小孩似乎也有很好的理由，他说："太阳刚升起来时凉飕飕的，到了中午，却像是火球一样使人热烘烘的。这不正是远的物体感到凉，而近的物体使人觉得热的道理吗？"两个小孩不约而同地请博学多识的孔子来做"裁判"，判定谁是谁非。可这个看似简单的问题却把能言善辩的孔老先生也难住了。

思考：说一说，为什么博学的孔子对两个小孩的问题不能作出正确的判断呢？

（三）青年学生如何做到明辨是非

青年学生是社会中的一个特殊群体。他们思维敏捷，头脑灵活，富于创造力。但同时也缺少在学习和生活中明辨是非的实践经验，因此，要做到明辨是非可以从以下五方面进行努力：

（1）做人必须拥有一把良知的尺子，即必须拥有正确的道德是非观。不应当事事都持从众心理，人云亦云"随大流"，成为庸庸碌碌、无所作为的人；更不应当一事当前，总是先为自己打算，颠倒是非，混淆黑白，成为危害社会的人。

（2）不能轻信别人的言论和行动，要善于独立思考，用自己冷静的头脑客观分析。

（3）不能急于下结论，必须看到事物的两面性，要注意自己思考的全面性，不能武断地作出片面的结论。

（4）要善于战胜自我，抵御诱惑。坚持正确的行为就要善于战胜自我的软弱，不向诱惑低头屈服。

（5）要积极参加集体活动，增强社会交往能力，在与他人的交往中打开自我的空间，同时，我们还必须积极学习相关科学技术知识，用科学知识武装的头脑才会更有战斗力。

体验与探究

1. 革命家彭湃小的时候，和同伴一起放学回家的途中经过一片石榴林。石榴树下有几个小伙伴对着彭湃叫喊："彭湃，又大又熟的石榴，快来吃呀！"彭湃兴冲冲地跑过去，小伙伴递给他一个又熟又大的石榴。"这家主人真好，给你们这么好吃的石榴！"彭湃高兴地说。彭湃正要剥开石榴吃时，小伙伴哈哈大笑起来，对着他神秘地说："主人不在家，是我们自己摘的石榴!"听小伙伴这样说，彭湃立即把石榴还给小伙伴，并坚定地说："偷来的石榴我不吃!"回到家里，彭湃把事情告诉了妈妈。妈妈听完后，高兴地称赞小彭湃是一个明辨是非的好孩子。

思考：彭湃为什么不吃偷来的石榴？如果你遇到了和彭湃一样情况，你会怎么做呢？

2. 分析以下成语中包含的哲学道理："声东击西""欲擒故纵""围魏救赵""项庄舞剑，意在沛公""明修栈道，暗度陈仓""不识庐山真面目，只缘身在此山中"。你能找出其他类似的成语吗？

3. 收集校园生活中的明辨是非、遵纪守法的事例，并号召全校同学向他们学习。

第三节 科学思维与创新能力

一、科学思维方法

人区别于动物的根本特征在于人能够思维，是能够思维的社会动物。人们能够通过思维揭示事物的科学本质和规律，但是，只有进行科学思维，掌握科学的思维方法，才能引导我们正确认识事物的本质和规律，从而达到改造世界的目的。人人都有思维，但未必人人都能掌握科学的思维方法，因此，我们必须了解科学思维的内涵和特征，掌握改造世界的思维力量。

（一）思维和思维方法

思维是人们对客观事物的反映方式，有广义和狭义之分：广义思维与物质相对，狭义思维与感性认识相对。我们通常所提到的思维指的是狭义的思维，专指认识过程的高级阶段亦即理性认识阶段。方法是人们为解决理论的、认识的、实践的、日常生活等特定任务所采用的一定途径、手段和方法的统称，如工作方法、领导方法、认识方法、思维方法等。

思维方法是人们把握客观世界的一种认识系统，是客观事物和及其规律经过主观制作和建构形成的思维规则、程序、步骤和手段，是把握客体的一种认识工具系统。思维方法是内化于人的头脑的客观规律，但在形式上又有其自身的独立性，有它自己发生、发展的历史。思维方法的原型是事物之间的相互关系和客观规律，它是人们依据客观规律和关系而形成的思维规则、手段和工具。

人们的思维方法归根到底是受到各个时代的实践活动方式的制约并随着实践活动方式的发展而演化的。哲学上的思维方法特指以揭示事物的本质和规律为目的的理性认识的方法，它是其他一切方法的基础与核心，是思维方法群中最高层次的方法。哲学思维方法、一般科学思维方法和个别的具体科学的思维方法之间是一般、特殊和个别的关系。

知识拓展

辩证思维的基本方法揭示了概念的辩证发展、矛盾运动的基本方法。唯物辩证法所指称的思维方法是一个总体，由许多具体的相互区别又相互联系的具体方法所组成。其中主要有：归纳和演绎、分析和综合、抽象和具体、历史的方法和逻辑的方法等。

（1）归纳和演绎

归纳和演绎是最早引起人们注意的、运用极其广泛的思维方法。所谓归纳，就是从个别到一般，从个别事实走向一般概念、原理的思维方法。所谓演绎，就是从一般到个别，从一般原理、概念走向个别结论的思维方法。归纳和演绎在认识过程中的统一，是客观现实中个别和一般矛盾统一的反映。一般寓于个别之中，矛盾的普遍性寓于矛盾的特殊性之中，正因为客观现实中有共性、个性及其相互联结，才有认识领域中归纳和演绎的相互依存和相互转化。这是两个过程：一个是由特殊到一般，一个是由一般到特殊。人类的认识总是这样循环往复进行的，而每一次循环都使人的认识提高一步，使人类的认识不断深化。

（2）分析和综合

在从感性认识上升到理性认识的过程中，分析和综合是一种基本的思维方法。分析方法是对客观对象的分解，是把客观事物的各个部分、各个侧面、各种特性从整体中分解出来，分别进行研究的方法。综合就是在分析的基础上进行科学的概括，即把对事物各个部分、各个侧面、各种特性的认识统一为对事物整体的认识，以达到从整体上把握事物的本质和规律。分析是综合的基础，综合是分析的完成，只有把二者结合在一起，才能成为一个完整的、科学方法。

（3）抽象和具体

抽象是对感性具体的否定，思维中的具体又是对抽象的否定，即否定之否定。思维中的具体好像是向感性具体的复归，但实际上它却高于感性具体。它意味着我们在思维中达到了对客观事物的具体把握。从抽象的规定开始，经过一系列的中介，到达逻辑的终点，就形成了辩证思维运动的一个周期。这时形成的具体思想，相对于某一认识对象来说，算是达到了逻辑终点。但是，相对于更大范围和更深层次的认识对象来说，又是认识的起点，辩证思维的运动又开始了一个新的行程。每一循环所形成的具体认识都是相对的、有条件的，但它却为无限发展的辩证思维运动不断充实新的内容。

（4）历史的方法和逻辑的方法

所谓历史的研究方法或叙述方法，就是根据历史发展的自然进程来解释历史规律性的方法。逻辑的研究方法或叙述方法，是舍弃历史发展的曲折过程和偶然因素的研究方法，是摆脱了历史形式的历史方法。科学的历史方法和逻辑方法是马克思主义辩证方法的两种不同表现和具体运用，它们是有所区别的，在不同领域中会有所侧重。然而，它们又是相互联系、不可分割的。

（二）思维方法在人的认识过程中的作用

掌握科学的思维方法，对人们正确认识世界和改造世界具有重要指导作用。它可以帮助我们正确认识事物，把握事物的本质和规律；可以帮助我们提高面对复杂情况、解决新问题的能力。

第一，思维方法规范着人们思维运行的方向和侧重点。经验性的思维方法常常指向过去，而现代性的思维方式则是在立足历史和现实的基础之上，以变化发展的眼光考察未来，因而这种思维方法在思维方向上是面向未来的。

第二，思维方法具有对信息的选择、组织和解释功能，具有信息处理和转换的内在机制。

第三，思维方法的不同直接影响到人们思维活动的结果，决定着主体能否正确认识和把握客体以及以正确性的程度。

许多作出重大发明创造的科学家都十分重视思维方法，如爱因斯坦认为新方法的产生往往导致一门新学科的诞生，巴普洛夫也强调方法对科学研究成败的关键作用。马克思、恩格斯更是十分重视思维方法的作用，认为唯物辩证法这个方法的制定，"是一个其意义不亚于唯物主义基本观点的成果"。

知识拓展

我国东汉末年的大医学家和药物学家华佗，不仅精通医术，而且非常重视体育锻炼对人的健康的作用。有一次，华佗正在书房里读书，见一小孩把住门闩来回晃荡，他立即想到古书上"户枢不蠹，流水不腐"的话，人为什么不这样天天运动，让气血流通呢？后来，华佗参考了"导引术"（锻炼身体的方法），编出了一套锻炼身体的拳法，名叫"五禽戏"。这种体育运动就是模仿虎、鹿、熊、猿、鸟五种禽兽运动姿态的体操，可以使周身关节、脊背、腰部、四肢都得到舒展。华佗的弟子吴普，由于几十年坚持做"五禽戏"，活到90多岁，仍然步履轻捷，耳聪目明，牙齿坚固，可知"五禽戏"是行之有效的健身体操。

思考：科学的思维方式对华佗发明"五禽戏"作用何在？

（三）思维方法的培养

思维方法不是与生俱来的，它的培养需要遵循一定的规则：

第一，培养科学的思维方法，必须以正确的世界观和方法论为指导。马克思主义的世界观和方法论是指导我们正确认识世界和改造世界的有力武器。我们应在马克思主义的指导之下，克服思维方法的片面性，自觉加强思维锻炼，从而走向科学思维。

第二，培养科学的思维方法，要求我们运用辩证思维的方法。事物是普遍联系、变化发展的，辩证思维就是用联系的、发展的、全面的观点看待事物和思考问题，其实质和核心是运用矛盾的分析方法，从对立面的统一去把握事物的内部矛盾。辩证思维方法是人们进行辩证思维的逻辑工具，是科学思维方法的重要组成部分。

人们在认识世界的过程中，不仅要认识事物的某个部分、某个阶段，还要认识事物发展变化着的整体和发展趋势，不仅要看到问题的某一方面，还要看到问题的另一方面，要在确认世界客观存在的前提下，用全面的观点看问题和思考问题，才能把握事物的本质。

第三，培养科学思维方法，要求我们遵循形式逻辑的要求并加以正确的运用。人们认识事物、表达思想，要运用概念、判断、推理等思维形式。在思维过程中要做到概念明确、判断恰当和推理合乎规则，且不可违反形式逻辑的规则，自相矛盾，亦不能混淆概念或偷换概念，转移话题，答非所问。

第四，培养科学思维方法，要求我们不断进行思维创新。科学思维应当是能够创造性地解决问题的思维，思维创新是综合运用多种思维方法的结果。

【案例】三百多年前，一位奥地利医生给一位胸腔有疾的人看病，由于当时还没有发明出听诊器和 X 射线光透视技术，这位医生无法发现患者的病在哪里，病人不治而亡。后来经过尸体解剖，才知道死者的胸腔已经发炎化脓，而且胸腔内还积了不少水。这位医生非常愧疚，决心要研究能够诊断胸积水的方法，但久思不得其解。恰巧，这位医生的父亲是位精明的卖酒商，他无须打开桶盖，只要用手敲敲桶壁，就能估量出桶里面酒的数量。医生由此得到启发：既然父亲能通过敲击桶壁判断桶里有多少酒，我为什么不能够运用这种方法诊断患者的胸腔是否有病呢？这位医生经过反复的捉摸和临床试验，终于发明了现代医学的"叩诊法"。

后来，这种"叩诊法"得到了进一步的发展。1861 年的一天，法国医生雷克给一位患有心脏病的贵妇人看病时感到很为难，因为他无法直接接触这位贵夫人的胸部。在无计可施之时，他忽然想起了自己在参与孩子们游戏活动时的一件事情：孩子们在一根圆木的一端用针乱划，用耳朵贴紧另一端就能听到搔刮声，而且还很清晰。于是，他把一张纸紧紧地卷成一个圆筒，一端放在那位贵妇人的心脏部位，另一端贴在自己的耳朵上。他成功了，他清晰地听到了病人心脏跳动的声音，掌握了病人的心律。后来，他又把卷纸改成橡皮管，另一端装上一个能够与心脏跳动产生共鸣的小盒。真正意义上的听诊器由此而诞生了！

思考：开动脑筋，根据所学专业提出一项或几项好的创意。

二、科学思维方法与人生发展能力

人类是在认识世界和改造世界的实践过程中发现、总结出科学思维的规律和方法，并且不断发展自己的思维能力的。

（一）科学思维方法对提高人生发展能力的意义

1. 掌握科学思维方法对提高人生发展能力有重要作用。科学的思维方法是人们正确认识事物的工具，它既能够使我们从对许多个别事物的研究中把握其一般本质，又能够在对事物一般本质的认识的指导下更为深刻地认识个别事物；既能够使我们通过对事物各个部分的认识达到对事物的整体把握，又能够通过对事物的整体把握更为深刻地认识事物的各个部分，从而引导我们不断提高人生发展的能力。

2. 掌握辩证思维方法，从而指导人生，更深刻地洞察人生、认识人生，就能减少人生的迷雾，能够帮助我们汲取前人的思维方式之精华，少走弯路，正确认识事物，有效解决问题，做一个聪慧的人，有利于国家、有利于人民的人。

3. 科学的思维方式不是凭空臆造的，而是人类从无数次实践的成功经验和失败的教训中总结出来的。人生发展需要不断通过实践和学习提高能力，既要在学习和实践中不断增长知识，也要加强科学思维方式训练。不仅把学习看做一个知识积累的过程，更要把学习作为思维训练的过程，在学习和思维的互动中增强自身能力。

（二）科学思维方法的基本种类

1. 整体思维。所谓整体思维，即在思考问题时，把注意力和着眼点放在问题的整体上，全面地收集和获取信息，对问题由上至下地做出全面判断。掌握这种思维方法，对于解答说明性问题，容易抓住问题的根本，回答得比较全面，不致丢三落四，顾此失彼；对于解答论述性问题，容易从高层次上找到捷径，化难为易。

2. 相似思维。所谓相似思维就是当两个相似的事物之间建立起某种联系时，能从一个事物的性质和变化规律，去研究和发现另一事物的性质及变化规律的思维方法。大家知道，古希腊哲学家泰勒斯首次利用物高与影长的关系测量出金字塔的高度，我国鲁班因看到妻子的木拖鞋漂浮在水面而造出了第一只木船等，都是相似思维的生动事例。在学习中，相似思维应用极其广泛，如做数学习题会从学过的公式、例题、做过的习题中受到启发，找到解决问题的方法。

3. 逆向思维。所谓逆向思维，通俗地说就是反过来想，从问题的终点追溯到问题的始点。这种思维方法，在日常生活中常常用到。在学习中，逆向思维有不可替代的作用。有位优秀学生在介绍学习方法时说，从问题的始点到终点，从已知到求证，要经过一系列的顺向思维。这一过程，有时像走迷津，有极多的死胡同，使你的思维陷入牛角尖，而善于运用逆向思维，往往使问题化难为易。

4. 创造性思维。所谓创造性思维就是具有创见性的思维方法。它具有四个明显的特征：一是主动积极性，即搞不清问题的性质、成因或解决办法就决不罢休的探求精神；二是求异性，即不苟同于传统的答案，提出与众不同的设想；三是发散性，即不急于归一，提出多方面的设想，然后经过筛选，确定最佳方案；四是独到性，即思维新颖，不拘一格。

知识拓展

不良的思维习惯可分为以下几种基本类型。

（1）直线思维。直线思维俗话也叫不转弯、一根筋、少根弦、幼稚病。用这种思维方式思考问题，说话和做事很容易出现两种倾向：一种是钻牛角尖，一种是不得要领。解决直线思维的有效方法，就是多多进行发散思维训练，围绕一个中心，从多个角度设计解决问题的方案。

（2）固化思维，也称思维定式，俗话叫死心眼、顽固不化或一条道走到黑。其特点是在认识过程中，往往不分青红皂白，以一事而类推其他。有的人在家庭生活、工作、学习中出现以偏概全、片面判断的现象，从思维方法的角度讲，就是犯了固化思维的错误。解决固化思维的有效方法，就是要养成站在对方立场上和多角度思考问题的习惯。

（3）猜忌思维，俗称小心眼。猜忌思维是与某些人的性格特征紧紧捆绑在一起的。这种思维方式源于某些人的多疑、忧虑、抑郁、恐惧和对周围人缺乏信任的心理现象。解决猜忌思维的有效途径是自我脱敏疗法，即进行自我安慰，养成凡事顺其自然的心理习惯，也就是放下包袱、轻松上阵。

（4）排异思维。排异思维俗称概不论，也有人称有此思维习惯的人的行为表现为匪气。这种人平时做事特立独行、标新立异，做事不考虑行为后果、我行我素、刚愎自用，对他人意见不分好坏皆持逆反或否定心理。解决排异思维的有效方法是学会倾听他人意见，在家庭和工作中讲民主，学会当听众，天长日久就能改变这种不良思维习惯。

（5）利己思维，俗称铁公鸡、小气鬼。有利己思维习惯的人考虑问题时，一切从个人的观点、需要、爱好出发，不考虑别人和集体的利益，不顾及他人的感受。改变利己思维的有效方法，就是学会与人公平交往，养成做事大度、肯于奉献的好习惯。

（6）领导思维。领导思维亦称专断思维或权力思维。具有这种思维习惯的人或多或少具有扭曲性格，往往自觉不自觉地以一种居高临下的态度看待周围的人，他们用这种态度维护自己的自尊和虚荣，置他人于服从地位。改变领导思维的有效方法，是学会端正心态，学会营造和谐氛围，加强个人民主意识，将自己置于正常的普通人地位。

除了以上几种常见的不良思维习惯外，还有惰性思维、被动思维、盲目思维、侥幸思维、中庸思维、迷信思维等。这些不良的思维习惯既不利于人们的认识，也不利于人生发展。

三、创新思维与当代青年发展

创新是一个民族进步的灵魂。一个没有创新能力的民族，难以屹立于世界先进的民族之林。一个民族的创新能力，决定着其在国际竞争中的地位和作用。创新是时代的潮流，科学的本质是创新，科学的精神就是创新精神，创新思维是现代思维的主要特征。作为一个民族和国家的生力军，青年学生的思维方式发展状况事关民族和国家发展大局，为此，我们必须认真学习和研究科技飞速发展形势下青年学生创新思维能力的培养问题。

（一）创新的内涵

创新是以新思维、新发明和新描述为特征的一种概念化过程。创新的概念起源于拉丁语，原本有三层含义：一是更新；二是创造新的东西；三是改变。创新是人类特有的认识能力和实践能力，是人类主观能动性的高级表现形式，是推动民族进步和社会发展的不竭动力。一个民族要想走在时代前列，就一刻也不能没有理论思维，一刻也不能停止理论创新。

（二）创新与人才发展

创新不容易，因为它要走前人或别人没有走过的新道路，创造前人或别人没有创造过的新东西。创新意味着改变，推陈出新、气象万新、焕然一新，无不是诉说着一个"变"字；创新意味着付出，因为惯性作用，没有外力是不可能有改变的，这个外力就是创新者的付出；创新意味着风险，从来都说一分耕耘、一分收获，而创新的付出却可能收获失败的回报。创新确实不容易，所以总是在创新前面加上"积极""勇于""大胆"之类的形容词，来鼓励人们的创新精神。

创新虽然不易，但在竞争日趋激烈的现代社会，创新能力却成为衡量人的发展能力的重要指标。创新对于人才发展极为重要，那么，创新人才除了专业知识及技能之外，还需要具备多方面的素质。如果仅从心理特征来讲，至少要具备以下三个条件：首先，要有自信，相信自己有能力改变；其次，要有激情，为实现目标不懈奋斗；再次，要担责任，控制失败风险和勇于承担失败后果。自信心不足，点子不能成为行动，行动不能得到坚持；缺乏激情，创新没有动力，思维会僵化，行动会迟缓；没有责任心，创新风险容易失控，即便成功可能也难取得持续进步。

四、科学思维与创新能力的培养

对于当代青年学生来讲，最重要的是坚持创新，勇于创新。然而人的创新能力不是与生俱来的，而是通过学习和训练产生和提高的，提高创新能力需要科学思维，反过来讲，要创新就必须学习和掌握科学的思维方法。

（一）思维创新的内涵

一般来讲，我们所说的思维创新，是指人们在实践中有所创造、有所发明的思维活动。

思维创新是一项综合能力的体现。我们知道任何思维都不可能是凭空产生的，需要以实践为基础，需要遵循思维的一般规律、需要继承前人的思维成果。创新思维最大的特点是相异性、差异性。如果因循守旧、按部就班是不可能有所创新的。具体来讲，创新性思维具有独创性或新颖性、灵活性、潜在性和风险性等特点。

【案例】两个推销人员先后到一个岛屿上去推销鞋。一个推销员到了这个岛上之后，发现岛上每个人都是赤脚，原来这里的人是没有穿鞋的习惯的。他气馁了，没有穿鞋的，鞋怎么卖得出去呀？马上发电报回去，鞋不要运来了。另一个推销员来了，高兴得几乎晕了过去，这个岛上的鞋的销售市场太大了，要是一个人穿一双鞋，那要销多少双鞋出去？马上发电报回去，赶快空运鞋来。结果可想而知，第一个推销员失败了，第二个推销员成功了！

思考：面对同一个问题，为什么不同的人会得出不同的结论？

（二）培养科学思维方法的条件

科学思维方法的培养需要具备诸多条件，主要的有以下几种：

1. 创新思维的主要障碍是习惯性思维或思维定式，因此，创新型思维的条件与方法的探讨与对习惯性思维的克服紧密联系在一起。如果我们掌握了创新型思维的有效方法，并在实践生活中加以应用，那么将会极大提高我们的创新能力，而这种创新型能力是当代大学生所必需的。

2. 运用科学思维方法，提高创新能力，要学会把发散思维和聚合思维结合起来。解决复杂问题，往往需要人们的思维结合实际情况，反复通过"发散—聚合—发散—聚合"的模式，激发灵感，发挥想象力。如此，才能够形成创新性的思维成果，促进人生发展和进步。

知识拓展

发散性思维是一种创新思维模式，又称辐射思维或求异思维。它是通过对已知信息进行多方向、多角度、多渠道的思考，从而悟出新问题、探索新知识，或发现多种解答，或者得出多种结果的思维方式。发散思维的本质是求异性。不满足既定的解释，力求围绕问题寻求新的变化。在思考中，不墨守成规，不拘泥于传统，使人的思路不受已有知识和经验的束缚，摆脱旧有的联系，克服心理定式，跳出"常识"的框架，以前所未有的新视角去观察、分析事物，寻求不同的、特异的解决问题的方法，做出新的创意！

立体思维要求人们在思考问题时要跳出点、线、面的限制，从上下、左右、前后等，从四面八方进行多角度思考问题的思维方法，如南方一些省市的农村在水稻田里养鱼，田埂上种桑，桑叶养蚕，等等。

逆向思维是从相反的方向去思考、去探求问题的一种思维方法。俗称倒过来想一想、试一试或者是反其道而行之。这种从反面去认识事物的思维方式，易引起新的思索，往往会产生超常的构思、不同凡响的新观念和解决问题的新思路。如除尘器原设计是用吹气的办法，把灰尘吹到一旁，这种设计失败了；反过来想，不用吹，改用吸的方法又怎样呢，试验证明，吸的方法成功了，便产生了吸尘器。

转换思维是以多路思维代替单路思维，这种办法不行，就改用别的办法思考解决问题。转换思维有方法转换、目标转换、元素转换等。古代曹冲称象就是应用了元素转移法来思维的，用石头代替大象，元素发生了变化。

换位思维是指行为主体跳出自我站在对象人或他人的位置上进行多维思考、交流感情、产生共鸣的一种思维方式。

3. 创新型思维的形成需要有良好的心态。创造力是人人都有的。但生活中未必人人都会去进行创造，大多数不是个人能力不足，而是没有自信心，没有冒险精神和百折不挠的勇气，没有细心观察、认真捉摸的心理品质。良好的心态是积极向上的心态，是为了社会进步，敢于做别人没有想过、没有做过或者做过却没有成功的心态。

【案例】"珍妮纺织机"的发明者詹姆斯·哈格里夫斯（英国发明家）是一个普通工人。他既能织布，又会做木工。他的妻子珍妮是一个善良勤勉的纺织能手，起早贪黑，一天忙到晚，可纺纱总是不多。哈格里夫斯每次看到妻子既紧张又劳累的样子，总想把这老掉牙的纺车改进一下。一天，他无意中把家里的纺车碰翻了，他看到原来水平放置的纺车锤变成了垂直竖立，仍在不停地转动。这一偶然事件，使他得到启示：既然纺锤竖立时仍能转动，要是并排使用几个竖立的纺锤，不就可以同时纺出好几根纱了吗？他说干就干，终于试制成装有 8 个纺锤的新式纺织机，并把它命名为"珍妮纺织机"。这项发明比旧纺织机提高了效率几十倍，被恩格斯称为"使英国工人的状况发生根本变化的第一个发明"。

思考：结合材料，说一说你是怎样培养自己观察能力的。

4. 培养群体协作精神，集思广益，激励群体的集体智力，开发更多思路。创新固然需要有创新的个体的行为，但是创新需要合作。马克思讲：人是社会的人，生产力是社会生产力。在创新过程中，某些个人的作用可能很大，但即使那样也要强调群体协作，特别是当今世界发展高新技术更需要合作，因此，要学会协调沟通，发挥团队优势、群体优势，使创新思维和创造力在团结协作中得以升华。

5. 丰富的知识是培养创新思维的重要基础。要使得我们的创新、创造力变为现实，就要有丰富的知识。丰富的知识不是天上掉下来的，不是地下冒出来的，也不是人们头脑里面固有的，要获得丰富的知识就必须学习。学习自然科学知识，学习社会科学知识，读点哲学，读点历史，从而为提高创新思维能力奠定基础。一个知识贫乏的人是不可能有创新思维和创新能力的。

6. 敢于提出问题、善于提出问题，是激发创造性思维的有效途径。创新要敢于挑战权威，要敢于质疑经典，要敢于破除对书本的迷信。首先，最重要的一条就是要敢于对一些保守的习惯势力和传统习惯产生怀疑。墨守成规是不可能有创新性的思维激发出来的。

体验与探究

1. 20世纪早期，所有的商店都是店员为顾客提供服务，顾客来到柜台前，店员取出顾客需要的物品。20世纪20年代，一位叫做迈克尔·库伦的人采用了一种完全不同的观点。他问了一个这样的问题："如果我们把商店掉个个儿，让顾客自己拿取他们自己需要的物品，然后他们在最后付钱，会是什么样子呢？"毫无疑问，有许多人反对这种观点。但是迈克尔·库伦坚持这种观点，并创建了世界上第一个超市，即位于美国新泽西州的金库伦商店。

思考：什么是创新思维？谈谈对创新思维在人们改造世界和认识世界过程中作用的认识。结合自身经历，谈谈我们应该如何创新？

2. 爱因斯坦说过："想象力比知识更重要，因为知识是有限的，而想象力概括着世界的一切，推动着进步，并且是知识进化的源泉。"爱因斯坦的"狭义相对论"就是从他幼时幻想人跟着光线跑，并能努力赶上它开始的。幻想不仅能引导我们发现新的事物，而且还能激发我们作出新的探索，去进行创造性劳动。

思考：请结合以上论述，谈谈科学思维方式对人生发展的重要意义。

3. 收集一些生活中的科学思维与创新成功的事例与同学们讨论。

4. 培养科学思维方法需要哪些重要条件？

第四章 顺应历史潮流，确立崇高的人生理想

教学目的

使学生把握历史发展的规律性及特点，理解社会理想与个人理想的关系、理想信念的作用，及其对确立人生理想的重要意义。指导学生确立正确的人生目标、处理好理想与现实的关系，增强社会责任感，树立远大的人生理想。

教学要求

认知：把握社会发展规律及其特点，理解社会理想与个人理想以及理想信念与意志、责任之间的辩证关系，弄清人生目标、人生理想和个人的社会责任等人生问题。

情感态度观念：顺应潮流，志存高远，坚定信念，勇担责任。

运用：确立正确的人生目标和人生理想，自觉地把个人成长纳入社会发展之中。

第一节 历史规律与人生目标

一、人与社会发展规律之间的关系

（一）社会发展规律及其特殊性

一切事物的发展都是有规律的，社会发展的规律是人类实践活动过程中的本质的必然联系，即社会发展的内在的本质的必然联系。

知识拓展

社会发展的规律是生产关系一定要适合生产力状况的规律和上层建筑一定要适合经济基础状况的规律。

生产力就是人们改造自然以使其适合社会需要的能力，生产关系是人们在物质生产过程中形成的不以人的意志为转移的经济关系；经济基础是指同生产力的一定发展阶段相适应的生产关系的总和，上层建筑是指建立在一定经济基础之上的社会意识形态和政治法律制度及设施。

生产关系一定要适合生产力状况的规律的内容是：第一，生产力决定生产关系。生产力状况决定生产关系的性质，生产力的发展决定生产关系的变革。第二，生产关系对生产力具有能动的反作用。当生产关系适合生产力发展的客观要求时，它对生产力的发展起推动作用；当生产关系不适合生产力发展的客观要求时，它就会阻碍生产力的发展。第三，生产力和生产关系的相互作用构成了两者的矛盾运动。生产力总是活跃的因素，生产关系则相对稳定。两者的矛盾运动构成了"基本适合—不适合—基本适合……"循环往复的矛盾运动过程，体现出生产关系一定要适合生产力状况的趋势。

上层建筑一定要适合经济基础状况的规律的内容包括：第一，经济基础决定上层建筑的产生、性质和变化发展。第二，上层建筑对经济基础具有能动的反作用。这种反作用集中表现为上层建筑通过政治的、思想的力量来影响、控制经济生活和整个社会生活，维护、巩固和发展自己的经济基础，排斥和反对自己的对立物。当上层建筑适合经济基础状况时，就会促进经济基础的发展；反之，就会阻碍经济基础的发展。

社会发展规律是人类的社会活动的规律，同自然界发展规律相比，它具有自身的特殊性。

第一，社会发展规律总是与人的活动相联系。社会发展的规律实际上就是人类活动的规律。人们的具体活动千差万别，但并非是纯粹个别和偶然的，而是在偶然之中隐藏着必然，在个别之中包含着一般，在表面不重复的现象背后，有着一定的规律在重复地起作用。

第二，社会发展规律总是与人的意识的作用相联系。人的活动总是受一定的意识支配的，总是有目的、有意识的活动。所以，社会发展规律是人的有意识的活动规律。

第三，社会发展规律归根到底与人们的利益密切联系。追求利益既是人的一切社会活动的动因，又是推动社会发展的内在驱动力。在各种利益关系中，最重要、最基本的是物质利益，物质利益是决定其他利益的基础。

第四，社会发展规律具有明显的历史性。人类社会的发展过程是由相互联系的不同历史阶段构成的，每个历史阶段都具有区别于其他历史阶段的特点，因此，贯穿于它们之中的社会发展规律也就具有具体性和历史性。

（二）社会发展规律的客观性

社会发展规律的作用要通过人的自觉活动才能表现出来，但不能由此否定社会规律的客观性。社会规律的客观性表现在以下几个方面：

第一，人的思想、动机和目的是由社会物质生活条件决定的。仔细考察人类历史就会发现，不同时代的人，以及同一时代或社会中处于不同地位的人，他们的思想、动机和所追求的目的是很不相同的。那么，人的思想动机及其所支配的活动，为什么是这样而不是那样，为什么只能在这个时代产生而不能在那个时代产生，这些显然不能由思想动机本身得到说明，而只能从社会条件、社会关系的变迁中才能得到科学的解释。

第二，人的思想、动机、目的的实现程度，取决于是否符合社会发展的客观规律。人们在创造历史活动的过程中，有些人的目的能实现，有些人的则不能；有些人获得了较大的成功，有些人则事不如愿，甚至一败涂地。这主要是因为能够得以实现的目的是与社会客观规律基本符合的，而那些得不到实现的目的，则是违背了社会客观规律，也就是说，人们思想的实现程度、活动的成败，不是取决于人们的主观愿望，而是取决于人们的思想动机与社会发展的客观要求、客观规律是否相符合以及符合的程度。不是人的目的、意识决定社会历史发展，而是社会发展的客观规律决定人的意识。

第三，人的意识活动只能加速或延缓社会历史进程，而不能改变历史发展的总趋势。任何人的有意识的活动，虽然对历史发展都有着或大或小、或正或反的作用，但这种作用归根到底取决于它是否顺应社会历史发展的总趋势。

（三）社会发展规律与人的创造性活动

社会发展规律是人的创造性活动的规律，人的创造性活动是社会发展规律的唯一实现形式。离开了人的创造性活动就没有人类社会发展的历史，就没有社会发展的客观规律；而遵循社会发展规律是对人的创造性活动的必然要求。我们既不能因为强调社会发展规律的客观性而抹杀人的创造性活动的意义，又不能因为承认人的活动的创造性而否定社会发展规律的客观性。

把握社会发展规律与人的创造性活动的关系，就要正确认识和处理个人活动与社会发展的关系，既要看到任何一个社会发展是无数个人及集体努力的结果，又要看到一切个人的生存和发展都依赖于社会，都离不开社会提供的种种条件，从而自觉地将自己融入社会，根据社会发展规律的要求进行卓有成效的创造性活动，为社会发展做出自己的应有贡献。

二、在社会发展中校正人生目标

（一）社会发展与人的需要和动机

需要是人的一种主观状态，是个体在生存过程中对既缺乏又渴望得到的事物的一种心理反应活动。

总的来说，需要分两大类，即物质需要和精神需要。物质需要有饮食、衣着、住宅、用具等，精神需要有归属、安全、爱情、友情、审美、理解、自我表现、自我实现等。

马克思主义认为，个体需要是行为的动力和源泉，正是由于各种需要的存在，才促使人们进行积极的活动，实现自己所需要的目标。人们的需要越强烈，其行为动力就越大，积极性就越高。不仅如此，马克思主义还认为，人的需要是不断发展的，在社会生活过程中，原来的需要满足了，又会产生新的需要，新的需要又会激励人们去从事新的行动。人的发展乃至整个社会的发展就是在不断满足人的需要的过程中实现的。

知识拓展

美国心理学家马斯洛在他的《人类激励理论》论文中将人的需要分为生理需要、安全需要、社交需要、尊重需要和自我实现需要五种基本类型，认为这五种需要会像阶梯一样逐级递升。

生理需要是人们对食物、水、空气和住房等的需求。这类需要的级别最低，人们在转向较高层次的需要之前，总是尽力满足这类需要。

安全需要包括对人身安全、生活稳定以及免遭痛苦、威胁或疾病等的需求。和生理需要一样，在安全需要没有得到满足之前，人们唯一关心的就是这种需要。

社交需要包括对友谊、爱情以及隶属关系的需求。当生理需要和安全需要得到满足后，社交需要就会突出出来，进而对人的行为产生激励作用。

尊重需求既包括对成就或自我价值的个人感觉，也包括他人对自己的认可与尊重。

自我实现的需要是最高等级的需要。满足这种需要就是要求完成与自己能力相称的工作，最充分地发挥自己的潜在能力，成为自己所期望的人物。这是一种创造的需要。有自我实现需要的人，似乎在竭尽所能，使自己趋于完美。

1954 年，马斯洛在《激励与个性》一书中探讨了他早期著作中提及的另外两种需要：求知需要和审美需要。这两种需要未被列入到他的需求层次排列中，他认为这二者应居于尊重需求与自我实现需求之间。

动机是推动人从事某种事情的念头或愿望。动机是由需要引起的，它同时又是人们行为的直接原因。当人产生需要而未得到满足时，会产生一种紧张不安的心理状态，在遇到能够满足需要的目标时，这种紧张的心理状态就会转化为动机，推动人们去从事某种活动，去实现目标。目标得以实现就获得生理或心理的满足，紧张的心理状态就会消除。这时又会产生新的需要，引起新的动机，指向新的目标。这是一个循环往复、连续不断的过程。

需要是动机和行为的基础。但是，需要是在人们的社会生活中产生的，它必然地要受到社会的制约。不同的社会制度，不同的阶级地位，不同的科学教育发展水平和文化传统，人们就会有不同的需要，而不同的需要所引起的动机和由动机所直接激发的行动也是不同的，正是这些不同的行为对社会的发展产生了不同的影响。一般说来，符合社会发展要求的需要、动机和行为对于历史的进步会起到积极的推动作用，而违背社会发展要求的需要、动机和行为只能是阻碍历史进步的消极力量。

（二）顺应历史潮流，确立正确人生目标

青年是祖国的未来，民族的希望。面对我国社会主义市场经济体制下社会结构的重大变化和利益关系的重大调整，面对个人之间不同需要所引起的各种矛盾，我们一定要将建设中国特色的社会主义，实现中华民族的伟大复兴作为自己的根本利益和共

同诉求，一定要牢记党和人民的重托，把国家利益和民族诉求铭记在心，个人的需要服从国家的需要，坚定理想信念，增长知识本领，锤炼品德意志，矢志奋斗拼搏，在人生的广阔舞台上充分发挥聪明才智、尽情展现人生价值。

三、制定人生目标，助力个人成长

（一）人生目标对人生发展的重要作用

人生目标是人们在实践活动中对于活动目的的自觉认识和把握，是人生目的和意义的体现。人生目标对于人生发展具有导向和激励的作用。

第一，人生的目标指引着人生前进的方向。人生进取立志就是确定自己前进的方向和努力所要实现的目标。人生目标规定了人们行为活动的方向，构成对待人生的内在稳定因素，它不仅是人们心中的企盼和希冀，也是人们预期要达到的目的地。没有目标的人生是盲目的人生。

第二，人生目标决定着人生态度。正确的人生目的可以使人采取实事求是、积极进取、乐观向上的人生态度；错误的人生目标则会使人或者采取投机钻营、铤而走险、游戏人生的态度，或者采取消沉悲观、畏首畏尾、无所作为，甚至厌世轻生的人生态度。

第三，人生目标是人生发展的动力。目标是人生行动的依据，强烈的目标意识会使人产生无穷无尽的力量，主动地发现机会，勇敢地迎接挑战。强烈的目标意识往往会使人胜不骄，败不馁，尽心尽力的奋斗，无怨无悔的工作，不达目的，誓不罢休。

第四，人生目标决定着人生价值。实践证明，明确崇高的人生目标符合社会的利益和人民的期盼，在这种目标指引下的人生行为必然具有广泛的社会意义；庸俗卑鄙的人生目标以及在这种目标指引下的行为虽然在一定条件下能够满足某些个人欲望，但它只能具有有害于社会的消极意义。当代的青年人要实现自己的人生价值，必须要确立正确的人生目标。

（二）正确确立人生目标

人生确立一个什么样的发展目标，要根据主客观条件来加以设计。每个人的条件不同，目标也不可能相同，但总的说来，人生目标的确立和实现既要符合社会发展的客观规律，又要符合个人的客观实际。

首先，目标的确立要符合社会发展的客观规律。人们都生活在一定的社会环境中并受到一定社会环境的制约，因此，人们的需要只有和一定的社会环境相适应，同社会发展的规律相符合才能够得到满足。

其次，目标的确立要适合自身的特点。不同的人有不同的特点，这种特点就是你的知识水平、专业素养、性格、兴趣、特长等。在确立人生目标时，如果能考虑到这些方面的因素，你就能够左右逢源，心想事成。

目标的确立要高低恰到好处。确立人生目标要高瞻远瞩，但目标过高，脱离了实际，会因好高骛远而招致失败；目标太低，不用努力就能实现，目标也就失去了意义。

目标的实现时期要长短配合恰当，应该长短结合。长期目标为人生指明了方向，可鼓舞斗志，防止短期行为；短期目标是实现长期目标的保证，没有短期目标，长期目标也就不能实现，而且，通过短期目标的达成，还能体验到达成目标的成就感和乐趣，鼓舞自己为了取得更大的成就，向更高的目标前进。但是，如果只有短期目标，没有远大的理想，会失去奋进的动力，也会使人生发展左右摇摆，甚至偏离发展方向。

同一时期目标不宜多。人生事业的目标有很多，在事业的追求当中，同一时期目标不宜多，最好集中为一个。因为，现代社会，每一个目标的达成都需要付出很大的努力，而且，每一个人的精力又有限，不可能达到和实现多个目标。所以，在确立目标时，最好把目标集中在一个焦点上。

目标的确立要具体明确。目标就像射击的靶子一样，清清楚楚地摆在那里。目标具体明确，才能做到"有的放矢"，人生行动才能有正确的方向。如果目标模糊不清，就起不到目标的作用。

确立目标要留有余地。在实现目标的时间安排上，不要过急、过满或过死。如果过急，就会"欲速则不达"，不是计划落空，就是影响工作质量。如果安排过满，在同一时间里既做这个，又做那个，结果会顾此失彼，身心太累，而无法坚持。如果安排过死，规定某一时间只能做某一件事，若遇到某些干扰，无法完成，就没有补救的时间。总之，要统筹兼顾，要留有余地，就是要留有机动时间，即使发生某些意外，也有充分的时间和精力做机动处理。

（三）坚持目标，持之以恒

人的一生难免有不顺利的时候，面对那些不可避免的挫折、失望和生活中暂时的失败，人们往往都会有一种惰性，一遇困难就退缩，遇到挫折就放弃，那么，人生的目标很难实现。所以，正确的切实的目标确立以后，重要的就是去执行和实施并持之以恒，切忌三天打渔两天晒网。坚持才有成功，成功贵在坚持。

坚持不懈是取得成功的必备素质，也是取得成功的必要条件。如果你想取得成功，就要拥有坚持不懈、持之以恒的能力。

成功在于坚持，坚持是最容易做到的事，只要愿意，人人都能做到；坚持又是最难的事，因为可能要忍受很多困难。古往今来，成功者之所以能取得业绩，凭借的是坚韧不拔的意志和坚持不懈的努力，而不是偶然的运气。有些人起步较快，在起跑线上抢先一步，但是在最后冲刺的关键时刻却功亏一篑。究其原因，很多时候并不是实力问题，而是意志问题。成功的道路上有着许多的挫折、困难、失败，只要坚持，就能战胜它们，并达到成功的彼岸。

有不少不满足现状的人，想通过努力获得一份更好的人生，但是却失败了。因为他们中大多数人不懂得"梅花香自苦寒来"的道理，一直处在"寻找"—"尝试"，再到"寻找"—"尝试"不断的循环中，由于对目标不够坚定，急功近利，遇到一点小小的挫折就会马上放弃，最终一事无成。所以，每一位成功者都知道，要想成功就要有一种持之以恒、不达目的誓不罢休的精神。一个人克服一点儿困难也许并不难，难的是能够持之以恒地做下去。

（四）在实践中不断校正和完善人生目标

根据客观实际确定的人生目标是相对稳定的东西，否定人生目标的稳定性，总是见异思迁，就会一事无成。目标总是根据一定的条件确定的，在人生发展过程中，条件是不断变化的，这就需要在实践中适时校正目标，以使其不至于偏离自己的人生方向。

目标是随着客观形势的变化而变化的，只要这种变化是积极的，就应当放下包袱，毫不犹豫地去校正它、实践新的目标。但这种校正和实践不是简单的否定，而是一种扬弃，是跨越式的进步。实践中，由于情况不断变化，即使付出同等的努力，实践的结果也不会完全一样，有时甚至完全相反。但这并不意味着原来的目标就不正确或者很落后，目标的确定和调整要慎重，且不应该做生搬硬套式的调整。

体 验 与 探 究

1. 马克思指出："社会的物质生产力发展到一定阶段，便同它们一直在其中运动的现存生产关系或财产关系（这只是生产关系的法律用语）发生矛盾。于是这些关系便由生产力的发展形式变成生产力的桎梏。那时社会革命的时代就到来了。随着经济基础的变更，全部庞大的上层建筑也或慢或快地发生变革。"

思考：根据马克思的这段名言召开一次班会，具体说明社会主义代替资本主义的客观必然性。

2. 结合自己的实际，谈谈怎样才能树立正确的人生目标

3. 为什么说坚持目标，要持之以恒？

第二节　社会理想与个人理想

一、在社会现实中实现个人理想

（一）理想的基本特点和基本类型

知识拓展

从"理想"的词源上看，"理想"这个词并不是汉语中自古就有的。中国古代哲学

对"理"的概念的一般阐释含有条理、规律、准则的意思。只是到了现代，人们才把"理"与"想"联系起来形成"理想"的概念。在现代，人们是从不同的角度理解"理想"这一概念的。在社会学中，理想是对未来社会合乎客观发展规律的想象和希望。在心理学中，理想是同奋斗目标相联系的、有实现可能的信念。在政治学中，理想是人们政治立场在奋斗目标上的集中体现。在哲学认识论中，理想是人生的奋斗目标，是合乎规律的、有根据的设想与想象。

从哲学的意义上来说，理想作为人们观念的一种形式，具有如下特征。

第一，理想具有客观必然性。理想不是空想，理想建立在现实的基础上，合乎事物变化和发展的规律，是经过努力是可以实现的东西。空想也是人们对未来的一种想象，也反映了人们一定的追求。但它是缺乏客观根据的，是脱离实际的一种主观臆想，是主观臆造的产物。由于空想违背事物发展的客观规律，因而它也是永远无法实现的。

第二，理想具有社会性。理想不是脱离社会生活的孤立的个人的主观想象，一方面，理想总是具体的，具体的理想总是产生于特定的社会，一定的社会经济、政治、文化环境条件不仅决定着理想的形成，也决定着理想的内容；另一方面，理想的实现必须依赖于一定的社会环境，一定的社会环境不仅提供了实现理想的现实条件，也决定着理想实现的具体形式。

第三，在阶级社会，理想具有鲜明的阶级性。在阶级社会中，由于不同阶级的社会地位和经济利益的不同，追求的目标也就各不相同。所以，他们形成的理想也各不相同，各阶级统一的理想是不存在的。

第四，理想具有超前性。理想所描绘的内容不是现实，而是同奋斗目标相联系的有可能实现的想象。这种想象以对现实客观事物发展规律的分析研究为根据，它高于现实，是在历史发展进程中，主观对客观运动趋向的一种超前把握，对现实有指导意义，对人们有鼓舞作用。

第五，理想具有实践性。理想的实践性包含两个方面的含义：一方面，理想是社会实践的产物，理想如果脱离了实践，就成了无源之水，无本之木，就是一种空洞的想象；另一方面，理想既不能在单纯的观念形态范围内实现，也不能依靠单纯的思想力量来实现，而必须通过人们实实在在的艰苦的实践活动才能实现。

【案例】有一只小老虎时时都想干出一番大事业，以便有资本获得百兽们的尊重和崇拜。但它整天游手好闲，不做任何事，只一门心思地考虑着如何才能出人头地，惹得百兽们背地里都叫它"空想家"。

后来，小老虎闲逛到山脚下的老山羊家，老山羊见它成天不做事，忍不住就教训了它几句。

小老虎说："我不是不想干事，而是想干大事。因为我要出人头地，可一直找不到出人头地的方法。"

老山羊带着小老虎来到院子后的花园里，然后从口袋里拿出一包种子说："这是九月菊的种子，现在你想个办法让它们早点开花，并让它们的花朵鲜艳夺目、出人头地吧。"

"想让它们在花中出人头地，还不简单么？咱们把它埋进土里，它就会生根发芽，钻出土壤，在秋天开出美丽的花朵。"说完，小老虎便刨土准备种下种子。

"你这样做是不是埋没了它们？"老山羊笑着问。

"可是，如果不经过埋没阶段，它们怎么可能发芽破土而出呢？"

"孩子，看来你早就知道出人头地的方法呀。"

"您是说……"小老虎有所感悟。

思考：请想一想，小老虎最终感悟到了什么？它一开始为什么是错误的？

结合自己的实际，谈一谈怎样的理想才是符合客观实际的理想？

理想的类型有很多，从理想的性质和层次上划分，有科学理想和非科学理想，崇高理想和一般理想；从理想的时序上划分，有长远理想和近期理想；从理想的对象上划分，有个人理想和社会理想；从理想的内容上划分，有政治理想、生活理想、职业理想与道德理想等。

(二) 理想与现实之间的关系

理想与现实本来就是一对矛盾，它们是对立统一的关系：一方面，理想和现实是相互区别的，理想是主观的，现实是客观的；理想是完美的，现实是有缺陷的；理想是未来的，现实是眼前的。理想高于现实，是现实的升华。理想毕竟不是现实，理想与现实必然有一定距离，正是这种距离，才让人们看到和感到理想是高于现实的，是值得追求并能够实现的价值目标。另一方面，理想和现实又是统一的。理想来源于现实，是对现实的反映，包含着现实的因素，并且将来会变成新的现实。现实是理想的基础，理想是未来的现实。现实中孕育着理想，形成着理想，包含着理想实现的条件和因素，因此，不仅要看到理想与现实的相互区别，还要看到它们之间的辩证统一。只有这样才能全面地把握二者的关系，不会因为现实中遇到理想和现实的矛盾而产生偏颇的思想认识和态度。

由于现实生活的复杂性，人们在树立理想和追求理想的过程中，会感受到理想与现实的矛盾，特别是青年学生刚刚走上社会的时候，对理想和现实的关系问题还存在着一些片面的认识，出现一些认识上的误区，从而引起思想上的困惑和情绪上的波动。

正确处理理想与现实的矛盾，最关键的就是要走出"以理想来否定现实"的误区。有的人用理想的标准来衡量和要求现实，当发现现实并不符合理想的时候，就对现实大失所望，甚至还产生不满情绪。这样发展下去，可能会导致对社会现实采取全盘否定的态度，逃避或反对现实社会。

知识拓展

我国现实社会中存在着消极腐败现象，对此不能视而不见。但同时也要认识到，社会生活的主流是好的。改革开放以来我国社会经济和各项事业蓬勃发展，人民生活水平有了很大提高，可以说是新中国成立以来最好的时期。由于社会生活的复杂性，在改革开放、发展社会主义市场经济的过程中也出现了消极腐败和其他丑恶的现象。但这些毕竟不是生活的主要方面，而且，这些消极腐败和其他丑恶现象正是社会主义社会要努力克服的东西。正确看待现实，就既要看到它的主要的方面，又要看到它的非主要的方面；既要肯定改革开放以来我们所取得的辉煌成就，又要正视社会所存在的矛盾和问题。肯定成绩可以更加坚定我们的信心，正视问题又可以使我们更加谦虚和谨慎。所以，一个真正有理想的人，应当辩证看待理想与现实的关系，做一个有理想的现实主义者。

正确处理理想与现实的矛盾还要走出"以现实来否定理想"的误区。在现实生活中，有的人由于看到理想与现实的矛盾，不加分析地全盘认同当下的现实，而对理想失去信心和热情，"告别理想""告别崇高"，热衷于"实惠"，陷入拜金主义、享乐主义和极端个人主义的泥坑而不能自拔。

二、社会理想与个人理想

（一）社会理想及其特点

社会理想是社会大众追求的奋斗目标，是一定社会或阶级对未来社会发展状况的展望，体现的是一定社会或阶级对未来社会的共同追求。在我国，人们的社会理想既包括中国特色社会主义的共同理想，也包括最终实现共产主义的最高理想。社会理想的特点是：

第一，社会理想具有代表性。社会理想是人们在改造自然和改造社会的实践中所形成的共同奋斗目标，是源于现实又高于现实的理想的社会前景和状态，集中代表了人们对美好生活热切的期盼。

第二，社会理想具有整体与个体追求的统一性。社会理想虽然来自众多个体产生的理想的社会图景，但却构筑了相对完整的理想的社会规划和设想。这种整体的理想社会模式与构想既是大众共同的愿望又是个体追求的目标，因而这种整体性与个体的追求具有统一性。

（二）个人理想及其特点

个人理想是单个人对事物未来的想象，是个人在物质生活、精神生活、道德情操和职业等方面的追求和向往。个人理想是社会成员根据自己周围的自然环境条件、社会环境条件和自身的主观条件确立的，是其政治立场、世界观、人生观、价值观的集中体现。个人理想的特点是：

第一，个人理想具有独特性。理想属于观念、意识的范畴，是对客观物质条件的反映。由于每个人所处的社会历史条件、工作生活环境以及个人经历、年龄、兴趣爱好不同，因而其所形成的个人理想也就具有鲜明的个性特征。

第二，个人理想具有具体性。个人理想包括学业理想、职业理想、生活理想、道德理想等，这些具体的理想渗透在人们学习、工作生活、职业、社会活动的各个方面，规范着人们的具体行为。

第三，个人理想具有依附性。人们都生活在一定的群体中，离开了一定的群体，任何个人既无法存在，更不可能发展。既然这样，群体的行为目标以及价值观念必然影响和制约生活于其中的每一个体，而个体的理想信念以及由这种理想信念所规定的行为又必然依附于它所依赖的群体，成为群体存在和发展的前提条件。

（三）正确处理社会理想与个人理想之间的关系

个人理想与社会理想是理想在不同层面上的体现，但二者又相互联系、相互包含、相互制约。正确处理社会理想和个人理想的关系，是人生发展的重要课题。

就个人理想和社会理想的关系而言，一方面，社会理想决定和制约着个人理想。这是因为，人是社会的人，追求个人理想的实践活动都是在社会中进行的，正确的个人理想不能按个人主观愿望随意决定，从根本上讲，它是由社会决定的。个人理想的形成要有社会理想作指导，个人理想的实现有赖于社会理想的实现，个人理想只有同国家的前途、民族的命运相结合，个人的向往和追求只有同社会的需求和利益相一致，才可能变为现实。另一方面，社会理想又是个人理想的凝聚和升华。个人理想体现社会理想，社会理想包含并反映千百万人的个人理想，又依靠千百万人的实践才能实现。

在现实生活中看待和处理个人理想和社会理想的关系问题上，要防止出现两种错误倾向：一是只讲社会理想，不讲个人理想，不尊重个人的选择，不重视个性的发挥，其结果是导致理想空泛，难以落实；二是只讲个人理想，不讲社会理想；只讲理想职业，不讲职业理想，不尊重群众的利益，不重视社会发展的需要，其结果是四处碰壁，无法实现。

正确处理个人理想和社会理想的关系，要把个人的命运与国家的前途紧密地联系起来，以人民群众的利益和社会发展的需要为重，使个人理想服从社会理想。如果脱离了这个大前提、大原则，人生就是不完美的。

改革开放以来，我国政治、经济、文化等诸方面都取得了举世瞩目的成就。在国力强盛的同时，我们个人的生活也走出温饱，跨入小康。许许多多昔日普通的工人、农民、解放军战士，在改革开放的大舞台上成为风云人物。这说明，个人理想的实现有赖于国家、集体事业的发展，改革开放的伟大实践是个人理想的基础和取之不尽、用之不竭的力量源泉。只有把共同理想与个人理想结合起来，把倡导对国家、集体的责任感和奉献精神与满足个人的利益愿望、实现个人的价值统一起来，个人理想才会有深厚的社会基础和持久的生命力。

三、悉心规划人生发展，树立科学的人生理想

实现人生价值是青年人追求的共同目标，而人生价值的实现是一个实实在在的过程，需要根据社会发展的要求描绘人生发展蓝图，树立科学的人生理想。

新的科技革命和社会主义现代化建设为我们提供了施展个人才华的广阔空间和舞台。广大青年要为实现中华民族的伟大复兴做出自己的贡献，就要正确认识当今时代的特点和我国社会发展的总趋势，正确处理个人发展和社会发展的关系，按照社会发展的需要规划个人的人生发展。如果把个人利益置于社会公共利益之上，把实现个人利益作为学习科学理论知识的唯一目的，就很难适应社会，甚至会干出危害社会，危害人民，也危害自己的事情来。

【案例】2008年3月，深圳刑事侦查部门经侦查发现：香港毒贩王某、"老榆"伙同医学博士徐某等人制造、贩卖冰毒。

7月17日，专案组采取抓捕行动。7月19日下午4时许，在A花园大门口抓获阿川；傍晚6时许，在B花园抓获老榆；当晚10时许，在A花园将正在制毒的徐某抓获；晚11时许，在C花园抓获王某。此案缴获冰毒、咖啡因等毒品1266.5克、半成品毒剂2000毫升。

医学博士徐某运用自己所学知识制造和贩卖毒品，危害社会，最终受到法律的严惩，真可谓咎由自取。

思考：徐某是当代青年人生发展的反面教材，请说明应当怎样树立科学的人生理想？

要正确规划人生发展，树立科学的人生理想，就要以积极的心态和科学的方法，坚持学习科学文化和加强道德修养的统一，学习书本知识和投身社会实践的统一，实现自身价值和服务祖国人民的统一，树立远大理想和进行艰苦奋斗的统一。只有这样，才能以高尚的情操和健全的人格融入社会，才能在改革开放和社会主义现代化建设的广阔舞台上，充分发挥自己的聪明才智，展现自己的人生价值，努力创造无愧于时代和人民的业绩，实现自身的全面、协调和可持续的发展。

体验与探究

1. 战国时期，赵国大将赵奢曾以少胜多，大败入侵的秦军。他有一个儿子叫赵括，从小熟读兵书，爱谈军事，口若悬河，别人往往说不过他，他因此很骄傲，自以为天

下无敌。然而赵奢却认为他不过是"纸上谈兵"。公元前259年，秦军侵犯赵国，赵军在长平（今山西高平市附近）坚持抗敌。廉颇负责指挥全军，他年纪虽高，打仗仍然很有办法，使得秦军无法取胜。秦国知道拖下去于己不利，就施行了反间计，派人到赵国散布"秦军最害怕赵奢的儿子赵括将军"的话。赵王上当受骗，派赵括替代了廉颇。赵括死搬兵书上的条文，到长平后完全改变了廉颇的作战方案，结果四十多万赵军尽被歼灭，他自己也被秦军箭射身亡。

思考：赵括"纸上谈兵"说明了什么问题？要想树立正确的人生理想，最重要的是什么？

2. 李大钊说："无限的'过去'都以'现在'为归宿，无限的'未来'都以'现在'为渊源。'过去''未来'中间全仗有'现在'以成其延续，以成其永远。"

邓小平说："青年应当有远大理想，又要十分重视任何细小的工作。要有远大的理想，才能永远保持前进的勇气和方向。而达到理想的道路是要由无数细小的日常工作积累起来的。"

思考：如何正确对待理想和现实之间的关系？

结合自身的实际，试述实现人生理想的正确途径。

3. 什么是社会理想？什么是个人理想？怎样正确处理二者之间的关系？

第三节　理想信念与意志责任

一、人生理想与信念

（一）理想和信念的关系

理想和信念之间存在着既相区别又相联系的关系。已如前述，理想是符合客观实际的、对人生未来发展的设计和想象，是人生的奋斗目标。信念是人们在一定的认识基础上，对某种思想理论、学说和理想所抱的坚定不移的观念和真诚信服与坚决执行的态度。理想体现着一个人的信念和追求，而信念则是对理想的支持。没有信念，理想就可能发生动摇，或者缺乏实现理想的信心和决心，也就无法使理想转化为行动，即使在某一时期转化为行动，也会因遇到某种困难或挫折而不能坚持下去。

【案例】布鲁诺是意大利文艺复兴时期的伟大的思想家、自然科学家、文学家和哲学家。他对神学家们所宣传的教义持否定态度，勇敢地反对托勒密的地心说，捍卫和发展了哥白尼的日心说，写了一些批评《圣经》的论文。布鲁诺的言行触怒了教廷，他因此被革除教籍。但布鲁诺仍坚持自己的观点，毫不动摇。在天主教会的眼里，布鲁诺是极端有害的"异端"和十恶不赦的敌人。他们施展阴谋诡计，收买布鲁诺的朋友，将布鲁诺诱骗回国，并与 1592 年 5 月 23 日逮捕了他，把他囚禁在宗教裁判所的监狱里。刽子手们的严刑没有让布鲁诺屈服，他说："高加索的冰川也不会冷却我心头的火焰，即使像塞尔维特那样被烧死也不反悔。"他还说："为真理而斗争是人生最大的快乐。"经过 8 年的残酷折磨，布鲁诺被判为火刑。1600 年 2 月 17 日凌晨，布鲁诺被绑在罗马鲜花广场中央的火刑柱上，他向围观的人们庄严地宣布："黑暗即将过去，黎明即将来临，真理终将战胜邪恶！"最后他高呼："火，不能征服我，未来的世界会了解我，会知道我的价值！"刽子手用木塞堵上了他的嘴，然后点燃了烈火。布鲁诺在熊熊燃烧的烈火中英雄就义。

思考：这是一个很悲壮的故事，你从这个故事中受到了什么启示？

（二）理想信念对人生的作用

人的生命是有限的，要使有限的生命更有意义，就必须使人生具有明确的奋斗目标，就必须具有达到人生目标的坚定信念。

第一，理想信念是人生的方向指南。人生就像一只小船，人生征途就像茫茫大海，而人生理想信念就是大海行船指引方向的指南针，是航船前进时的灯塔。茫茫大海有迷雾回流，人生征途有暗礁险滩。如果没有崇高的理想和坚定的信念，人生像没有舵的小船，看不到充满希望的海岸，也像茫茫沙漠中的迷路人找不到走出无际沙漠的生命之路。

第二，理想信念是人生的精神支柱。理想信念能够坚定人生脊梁，是人生发展的精神支柱。人生发展并非一路凯歌，在人生发展过程中，既有阳光也有阴雨，既有成功也有失败。具有崇高人生理想和坚定信念的人能够在阴雨中透视阳光，在暂时的失败中把握成功，能够经得起风雨的洗礼和失败的考验，能够为了追求真理、实践真理、发展真理而贡献出自己的一切。

【案例】2010 年度国家最高科学技术奖获得者、"两院"院士师昌绪经常对青年科技人员说："作为一个中国人，就要对中国做出贡献，这是人生的第一要义。"他在接受央视记者采访时说，一辈子最大的理想就是使祖国强大，正是这一理想激励自己在科研道路上攻克一个又一个难关，为祖国科技事业发展做出了应有的贡献。

师昌绪是这样说的，也是这样做的。他不计较个人得失，不畏惧艰难险阻，勇挑重担，奋斗不息。20 世纪 60 年代初，美国研制出铸造空心涡轮叶片，大幅度提高了航空发动机的性能，我国也提出要搞铸造空心涡轮叶片。但很多人认为这种技术受到美国严格封锁，中国人想要搞出来是异想天开。师昌绪主动请缨，他说："只要肯做，就一定能做出来。"当时有人劝师昌绪不要啃这块"硬骨头"，免得下不了台。但不服输的师昌绪回答说："只要国家需要，困难再大也要干！"于是，由师昌绪挂帅，成立了专门的项目组。他和大家怀着"让祖国强大"的抱负和情怀，攻克了重重难关，终于研制出中国第一代铸造多孔空心叶片，使我国成为世界上第二个能研制这种叶片的国家。

思考：师昌绪院士为什么能够为祖国科技事业的发展做出杰出的贡献？应当怎么向师昌绪院士学习？

第三，理想信念是人生的力量源泉。理想信念能够激励人生发展的行为，理想信念是人生发展的旗帜，包含着人生发展的目标，体现着人生的价值，对人们具有极强的诱惑力和极大的感召力，使人们能够以极大的热情拥抱未来，以积极的行动创造未来。一个具有远大理想和坚定信念的人，能够为了实现自己的人生目标迸发出无尽的力量，创造出常人不可想象的奇迹；相反，一个没有理想抱负和信念缺失的人，由于他的生活中缺少明确的奋斗目标，因而，他的一生必然在碌碌无为、空虚无聊中度过。

【案例】达尔文的父亲是一位著名的医生，他希望自己的儿子能继承自己的事业。可是，达尔文无心学医，进入医科大学后，他经常去收集动植物标本，父亲对他无可奈何，又把他送进神学院，希望他将来当一名牧师。然而，达尔文的兴趣也不在神学上。达尔文有自己的理想，他 9 岁的时候就对父亲说："我想世界上肯定还有许多未被人们发现的奥秘，我将来要周游世界，进行实地考察。"为此：达尔文一直在积极准备。1831 年 12 月 27 日，达尔文终于搭上了"贝格尔"战舰，开始了环球生物考察，经过 5 年的时间，他在动植物和地质等方面进行了大量的观察和采集，回国后又做了近 20 年的实验，终于在 1859 年出版了震动当时学术界的《物种起源》一书。书中提出的"物竞天择，适者生存"进化论学说，不仅说明了物种是可变的，对生物适应性也作了正确的解说，而且还摧毁了唯心主义的神学目的论和形而上学的物种不变论。

第四，理想信念有利于提高人的思想道德境界。人的思想道德境界既是在人的道德实践中形成、发展的，又是思想道德修养的结果。一般来说，人的思想道德所达到的境界往往与人的理想信念追求有正相关的关系。人们的理想目标越崇高，信念越坚定，思想道德境界往往越高尚。一个国家，一个民族，只有树立崇高的理想信念，才可能兴旺发达。一个青年，只有把个人理想信念与社会理想信念紧密相连，个人的发展才有可靠保证，才能摆脱个人的狭小天地，逐步树立起以集体主义为核心的道德观，成为一个有益于社会、有益于国家、有益于人民的人。

社会发展的客观需要，是人生发展的外在动力。这个外在动力能否驱动人生的发展，关键在于它能否转化为人生需要这一内在的动力。只有理想之光才能点燃人生需要之火。理想作为人生的精神力量，它将促使每一个青年群体和个体在改造客观世界的同时自觉地改造主观世界，使人的思想道德在实践中逐步升华，在社会发展进程中完善自我。

（三）努力奋斗拼搏，实现人生理想

理想是我们每个人心中的奋斗目标，有了理想，人生才有了方向；有了理想，人们才有可能获取成功。要使理想成为现实，要靠我们自己的努力才行，只有朝着自己的理想不断努力，不断奋斗，最终才会实现它。一个人的理想不论有多么远大，多么美好，如果只是说说而已，而不付诸实际行动，那只能是一种"空想"。

实现人生理想需要具备多方面的条件：第一，要努力学习马克思主义的理论，树立科学的世界观、人生观和价值观。在我国新的历史时期，要努力学习中国特色社会主义理论，了解中国特色，掌握基本路线，明确奋斗方向。第二，要坚定共产主义信念，把自己的人生发展同整个社会的发展紧密地联系在一起，把自己的命运同整个人类的命运联系在一起。第三，要有坚强的意志，勇攀高峰、矢志不渝、知难而进、百折不挠的心理品质。第四，要有责任意识，勇于承担、敢于负责、忠于职守、事不避难，把"鞠躬尽瘁，死而后已""先天下之忧而忧，后天下之乐而乐""苟利国家生死以，岂因祸福避趋之""天下兴亡，匹夫有责"这些古训作为自己的座右铭。第五，要学习科学技术知识，努力用人类创造的全部知识财富丰富自己的头脑，提高人生行动的实际能力。

实现人生理想，最重要的就是要积极行动起来，"从现在做起，从平凡的工作做起"，抓住"今天"，把握"现在"，积极投身社会实践，保持奋发向上、朝气蓬勃的精神状态，发扬艰苦奋斗的精神，养成艰苦朴素的生活作风，树立正确劳动态度，充分发挥自己的智慧、才干，搞好自己的学习，做好自己的工作。

知识拓展

"人的一生只有三天——昨天，今天和明天。昨天已经逝去，并将永不复返；今天正和你在一起，但很快也会逝去；明天还未来到。"这是夏威夷岛中学生上课前的祷词，是一种富有哲理的时间观念。

昨天逝去，你可能在懊悔，没有把握住昨天，但在你的懊悔中，今天也即将逝去。印度诗人泰戈尔曾经说过："当错过太阳时，你在哭泣，那么你也会错过月亮、星星。"所以不要停留在过去的回忆上，而把握今天，把握现在才是最重要的。

每一天都有该做的事。也许有些人会想，还有明天，不急。其实，明天也有明天该做的事情，如果总是等待明天，你要做的事情也将越来越多，也许永远也做不完。把握今天，把握现在，不要让时间流逝在毫无意义的事情上。

光阴似箭，日月如梭。时间不会等人，所以我们要追逐时间，跟上它的脚步。明天还未来到，所以我们不仅要完成今天的事情，还要为明天的事情作出周密的计划，不浪费时间。

珍惜时间却是每个人都要做到的，珍惜时间就是珍惜自己的生命。人的一生没有

回程票，爱惜时间，可以最大限度地发掘自我生命的潜力。人们为自己的理想而奋斗，理想并不是那么容易实现的，需要我们总结昨天，把握今天，创造明天。

思考：认真思考自己的昨天是怎样的，为什么？你又是怎样把握今天，追求明天的？

二、人生理想与意志

（一）意志对实现理想的作用

意志是人类所特有的心理现象，是人的意识能动性的集中体现。人的心理是在人的实践活动中形成的。在实践活动中，人们不仅能够产生对客观事物的认识，形成各种各样的情感体验，而且还可以有目的有计划地改造客观世界。在认识和改造客观世界的过程中，人们不断地克服困难，不断地坚定自己的信心，不断地锻炼自己的意志品质。实现预定目的的过程也是人的意志形成的过程。

意志总是和人的行动联系在一起，并体现在人的行动过程中。意志调节、支配行动，并通过行动表现出来，如学生为了争取优异成绩而刻苦学习，体育健儿为了祖国的荣誉而顽强拼搏，科学工作者为科学研究而夜以继日地工作等，都是人的意志的体现。

明确的目的性以及与克服困难相联系是意志的两个最明显的特征。一般说来，目的越恰当、越明确，目的的社会价值越大，则意志行动的水平也就越高。实现理想过程中会面临着一系列困难，克服困难体现着意志的作用。意志发挥作用的过程就是克服内部困难和外部困难的过程。内部困难是指人在意志行动时，自身所出现的相反的要求和愿望，即所谓内部矛盾。外部困难是指人在进行意志行动时所遇到的客观环境中的阻碍。一般说来，人在意志行动中克服的困难越大，则说明人的意志越坚强。

意志是人的行动的动力因素，是意识的能动性和积极性的集中体现，在人的活动中具有巨大的作用。意志在活动中的功能主要有发动和制止两个方面。发动功能表现为激励和推动人们去从事达到预定目的所必需的行动；制止功能则表现为抑制和阻止不符合预定目标的行动。

意志是人们学好文化知识，攀登科学高峰，发展智力的重要心理条件。一个人意志水平的高低和意志品质的好坏，对于人的学习和人的智力的发展都有重大的影响。人们在从事各种认识活动时，特别是在进行系统的学习和独创性的研究时，总会遇到一些困难，经历许多失败。如果没有百折不挠、矢志不渝的顽强意志是很难长久坚持和最终获胜的。

意志也是人们控制情绪与情感的巨大心理动力。实验证明，意志薄弱的人往往会被消极情绪所压倒，使行动半途而废；只有意志坚强的人才可以控制自己的情绪，克服消极情绪的干扰，把意志行动进行到底。

意志还是造就坚强性格和完美个性的重要心理条件。意志对人的整个个性的形成和发展具有重要的作用。古人说得好："夫志，气之帅也。"可见，意志不仅是一种心理过程，同时又是一种个性心理特征。爱迪生说过："伟大人物最明显的标志就是他坚强的意志。"事实一再表明，一个人良好的性格和非凡的才能，不仅以顽强的意志品质为其形成的基础，而且顽强的意志又是构成其性格的核心成分。总之，意志在人的工作、学习和生活中都有重要的作用。完全有理由说它是一个人成事、成才和成人的关键。无数的事实也都证明了这一点。"志不立，天下无事可成""有志者，事竟成"，这已成了颠扑不破的真理。

（二）培养坚强的意志

在现实生活中，人应当如何培养自己的意志品质呢？

培养意志品质需要注意以下几点：

（1）明确学习目的，树立崇高的理想。目标越明确，理想越崇高，越能引导人奋勇向前。彷徨总是和迷失联系在一起的。

（2）勇于与困难做斗争。意志是在克服困难中表现出来的，同时又是在克服困难的过程中形成的。经常为自己提供困难的情境，使自己置身于困难面前，并以顽强的毅力和必胜的信心去克服所面临的困难，是磨炼意志的一种良好的办法。"明知山有虎，偏向虎山行"，说的就是这一道理。人克服的困难愈多，其志愈坚，再遇到其他困难、坎坷也就不会有畏难情绪了。

（3）针对自己的意志类型，采取不同的锻炼措施。如果自己是执拗、顽固的人，则应注意培养自己行为的目的性和原则性；如果自己是胆小犹豫的人，则应注意培养自己大胆、勇敢和果断的品质；如果自己是轻率盲动的人则要注意培养自己沉着、耐心的习惯；如果自己是任性，缺乏自制的人，则要注意提高自己控制和掌握自身行为的能力；如果自己缺乏毅力，则要注意培养自己坚持不懈，不达目的誓不罢休的品质。

（4）养成自觉遵守纪律的习惯，加强意志的自我磨炼。人的意志品质的形成，不仅要受到周围人的影响，更主要的是与自我修养有直接关系的。养成自觉遵守纪律的习惯，容易使人戒除不良习惯的影响。经常性的自我反省、自我检查、自我评价、自我鼓励是人的意志品质形成的重要条件。

意志自我磨砺的途径是多种多样的。例如，经常用榜样、名言、格言检查自己、鼓励自己；经常注意同先进人物进行比较，明确差距，奋起直追；注意在生活中严格要求自己；等等。青年正是养成和磨炼优秀品质和坚强性格的时期，为此一定要严格要求自己，努力养成坚强的意志品质，只有如此，才能坚持自己的理想，为实现自己的理想而不懈奋斗。

知识拓展

著名教育家刘佛年说过："科学家所以有成就，有才能是一方面，意志坚强也是一方面。要培养学生这种意志力，他将来才会有成就。"一部科技史就是一部与挫折、失败斗争的历史。法拉第说："就是最成功的科学家，在他每十个希望和初步结论中，能实现的也不到一个。"在挫折和失败面前，只有两条路可走：一条是坚持下去，达到成功；另一条是退缩下来，承认失败。真正的成功者走的是第一条路。坚强的意志是战胜失败、走向成功的力量源泉。狄更斯说："顽强的毅力可以征服世界上任何一座高峰。"顽强的意志是成功者的典型性格。

古今中外，取得成就的人大都经历过坎坷、不幸、痛苦与磨难的考验。他们以惊人的勇气和毅力，承受过一般人无法承受的种种磨难。面对事业上的挫折、生理上的疾病、心理上的折磨、生活中的困苦与不幸，他们没有沮丧，没有退缩，而是咬紧牙关奋力抗争。不懈地拼搏，终于取得了成功，为人类的文明和社会的进步做出了卓越的贡献。

思考：反思自己的意志品质是怎样的？你打算怎样培养自己的意志品质？

三、人生理想与责任

（一）责任与理想相联系

一切追求进步的人都有自己的理想信念，而理想信念与责任相互关联。责任就是分内应做之事，也就是承担应当承担的任务，完成应当完成的使命，做好应当做好的工作。责任有丰富的内涵，可以从不同层次、不同形式来区分，可以从不同领域、不同角度去认识。责任无处不在，存在于生命的每一个阶段，作用于社会的每一领域。父母养儿育女，儿女孝敬父母，老师教书育人，学生尊师好学，医生救死扶伤，军人保家卫国等，都是不可推卸的责任。

人在社会中生存，就必然要对自己、对家庭、对集体、对祖国承担并履行一定的责任。责任有不同的范畴，如家庭责任、职业责任、社会责任、领导责任，等等。

责任是一种客观需要，也是一种主观追求；是自律，也是他律。一切追求文明和进步的人们，应该基于自己的良知、信念、觉悟，自觉自愿地履行责任，为国家、为社会、为他人做出自己的奉献。责任和权利是对应的统一的。

责任是一种义务，有了义务才有权利。享受一定的权利，必须负起相应的责任；负起一定责任，才能享有相应的权利。

（二）实现理想必须有强烈的社会责任感

一个人要实现自己的理想就必须具有很强的自觉意识，而社会责任感正是这种自觉意识的体现，是青年行为导向系统的核心因素，它指导、控制和调节青年一代的社会行为，也是影响中华民族伟大复兴的决定性因素。

知识拓展

梁启超先生在他的《少年中国说》一文中说道："今日之责任，不在他人，而全在我少年。少年智则国智，少年富则国富，少年强则国强，少年独立则国独立，少年自由则国自由，少年进步则国进步，少年胜于欧洲，则国胜于欧洲，少年雄于地球，则国雄于地球。"如此激昂的文字，道出了我们青年一代对国家的重要意义，更道出了我们青年一代应当承担起的国家富强、民族振兴的社会责任。今天的中国，虽已不再是那千疮百孔、满目疮痍的世界，然而这并不意味着当代青年不需再有社会责任感。一个民族欲永远进步而不衰，一个国家要久立于世界而不倒，就需要青年一辈志存高远，担当起自己的社会责任。

青年是祖国的未来，增强社会责任感也是当代青年的不可推卸责任。青年人要增强自己的社会责任感，首先，要树立远大理想。责任感淡化的实质就是缺乏理想。所以，要强化自己的责任感，把个人理想融入中华民族复兴的社会理想中去。在新的历史条件下，我们应当根据时代的发展变化，树立科学的世界观和人生观，明确意识自身所肩负着重大的历史责任，投身到伟大的实践中去，把个人的抱负和理想与祖国的强大和民族复兴大业结合起来，承担起伟大的历史责任，在实践中贡献自己的聪明才智，在实践中实现自己的理想。

其次，加强自身的思想道德修养。要使自己的社会责任观念转化为发自内心的自觉行为，最好的途径就是加强自己的思想道德修养。通过思想道德修养，使社会道德规范和要求转化为个人直接的道德需要和要求，使社会准则转化为个人准则，才能有发自内心的、自觉的道德行为，在履行责任时，才能形成正确的责任动机，增强履行责任的坚强意志，有效地促进社会责任感的形成。

再次，积极参加社会实践。社会实践是青年人磨炼意志、砥砺品格的重要方式。青年学生应该走出校园、深入社会，在实践的大课堂中了解社会，认识国情，加深对书本知识更深刻的理解和体会，在思想上尊重群众、感情上贴近群众、行动上服务群众，自觉走与人民大众相结合的道路。通过接触社会，了解国情、民意，正确把握社会现象、社会发展的本质和主流，使自己的责任感不断得到强化和升华。

体验与探究

1. 李向群出生于海南省一个富有家庭。入伍前，他父亲对他说："党的富民政策，使我们家逐步富裕起来，可我们家中还没有一名共产党员，你到部队后一定要争取早日加入党组织！"带着父母的嘱托，他来到了部队。工作、训练事事争当先进。1998 年

8月5日他随部队开到了湖北长江抗洪前线。他豁着生命，七天七夜奋战在大堤上，先后晕死三次，醒来后又出现在抗洪前线。党组织根据他的表现，批准其火线入党。但他还未来得及交第一次党费，过第一次党组织生活，就第四次累倒而永远没有站起来……

思考：李向群是怎样看待理想、信念和责任的？你认为他的追求值得吗？

2. 巴尔扎克说："一个人要开化一个最闭塞的地方，有了钱还不行，他还得有知识；而且正直，爱国，如果没有坚定的意志，把个人的利益丢掉，献身于一种社会的理想，那也是白费。"

思考：从巴尔扎克这段话思考磨砺意志对实现人生理想的作用。

3. 当代青年应怎样增强自己的社会责任感？

第五章 在社会中发展自我，创造人生价值

教学目标

使学生了解人的社会本质、人的自我价值与社会价值、人的全面发展等历史唯物主义的基本观点，及其对人的发展自我、实现人生价值的重要意义。指导学生正确处理好利己与利他、个人与集体的关系，在劳动奉献中实现全面而自由的发展，创造更大的人生价值。

教学要求

认知：了解人的本质的社会历史性，人的价值是社会价值和自我价值的统一，以及社会进步对人全面发展的客观要求；理解利己与利他的辩证关系，在劳动奉献和自身发展中实现人生价值。

情感态度观念：团结合作、乐于助人，热爱劳动、积极奉献，尊重个性、全面发展。

运用：正确处理个人与社会、奉献与索取、个性自由与全面发展的关系，自觉地在社会中发展自我、创造人生价值。

第一节 人的本质与利己利他

一、人性和人的本质

了解社会历史领域的问题，把握个人与社会的关系，必然要涉及"人是什么"的问题，不了解这一问题，就不能深刻理解个人与社会的关系，不能准确认识个人在社会中的地位和作用。

（一）人的自然属性和社会属性

人们对"人是什么"的追问，主要集中在对于人性问题的争论上。所谓人性，是

指人所具有的特性，包括人的自然属性和社会属性，其中，后天形成的精神属性是属于社会属性的。

人的自然属性，是指人在生物学和生理学方面的特点，即人的生理构造和自然本能。人是从高等动物类人猿进化而来的，具有与某些高等动物相类似的身体结构和生理机能，也具有与它们相类似的生物属性和自然需要，服从于生物规律。如人要经历生老病死的过程，在发育成熟后有性的冲动，在遇到外界威胁和侵害时会奋起保护自己，免受其害等，这些都体现了人的自然属性。

人的社会属性是指人作为社会成员所具有的共同属性，体现了人和一般动物的根本区别。人的社会属性是在劳动中形成的，因为，劳动本身对人说来不过是满足他的需要即维持肉体生存的主要手段，而在劳动的过程中，人们不可避免地要发生这样那样的关系，如生产关系（以及由生产关系决定的政治关系和思想关系）、亲属关系、同事关系等。生活在现实社会中的人，必然是生活在一定社会关系中的人。这种复杂的社会关系就决定了人的本质，形成了人的社会属性。

人是自然属性和社会属性的统一体。其中，人的自然属性是社会属性赖以存在的基础，没有人的肉体存在和人的各种自然需要，就没有人在劳动过程中形成的社会属性。但是，人的自然属性又不等同于纯粹的自然生物性。因为人的自然属性是受社会属性制约的，是打上了社会烙印的自然属性，是已经社会化了的自然属性。离开了社会，人的自然属性只能退化为动物的属性。

知识拓展

在中国古代哲学中，人性问题是焦点问题。孟子（约公元前 385—公元前 304 年）提出"性善论"，认为人生来都有一种最基本的天赋本性，这就是"不忍人之心"（即恻隐之心），或者说是对别人的"同情心"。告子（出生年月较孟子略早）提出"无善无恶"论，认为"性"是人生来具有的一种生理本能，没有好坏善恶的区别。他说："性，犹湍水也，决诸东方则东流，决诸西方则西流。"（《孟子·告子上》）就是说，"性"好像急流的水，从东边打开向东流，从西边打开向西流。所以，"性"没有生来善与不善的区分，全在于以后的引导。荀子（生卒年月不详，学术活动约在公元前298—公元前238年）主张"性恶论"，他认为，一般所谓"善"在人的本性中是没有的，人生来就好利、嫉妒、喜声色，如果不加克制，发展下去就会产生争夺、犯上、淫乱，而辞让、忠信、礼仪这些道德就没有了。所以，人生来的本性是"恶"的。正因为如此，才需要圣人、君主对臣民的教化，需要礼仪制度和道德规范去引导人们。如果像孟子讲的人性本善，那还要君主、圣人以及礼仪制度和道德规范干什么呢？扬雄（西汉末年著名的文学家、思想家，公元前53—公元18年）提出"善恶混论"，调和孟子的"性善论"和荀子的"性恶论"，认为"人之性也善恶混。修其善则为善人，修其恶则为恶人"（《法言·修身》）。因此，杨雄特别重视后天学习对于人的善恶作用。

古希腊的哲学家也比较关注人的问题。柏拉图认为"人是长着两条腿的没有羽毛的动物"；德谟克里特认为"人是一个世界"；普罗泰戈拉认为"人是万物的尺度"；亚里士多德认为"人是政治动物"。文艺复兴时期的思想家们针对神学家极力赞美上帝而贬低人的行为，提出用人性反对神性，用人权反对神权，反抗宗教神学的禁欲主义，宣扬个性解放和人的价值、尊严，并提出人具有满足自己欲望和追求享乐的本性。18世纪法国启蒙运动的思想家冲破神学世界观的束缚，用无神论和唯物主义的自然观考察人，认为人的本性就在于追求自由、平等和幸福，并且认为这是天赋的、永恒不变的。德国的黑格尔提出人的本质来自劳动，人的本质只有在社会中才能表现出来。但他又认为人的理性、人的自我意识是人的本质。费尔巴哈是从人本学的角度看待人的，他把人的本质规定为生物本质和人本学本质，并且也认为，人的本质是永恒不变的。

以往的哲学家们对"人是什么"问题的争论，为人们认识自身提供了宝贵的思想资料。但他们都只是抓住人性的某个方面并将其绝对化、抽象化，离开人的社会实践去考察人性，因而陷入了对人性的抽象理解。

（二）人的本质

人的本质与人性是两个不同相互区别的概念。人性侧重于人与动物相区别的全部类特征，人的本质是指现实的人之所以存在的根据，侧重于揭示人与人之间的相互区别，并对人的现实存在给予说明，也就是说，人性只是从外部看人和动物的区别，而不能说明这些区别的内在根据；人的本质虽然指出了现实人存在的根据，但它不能表现人的复杂而丰富的特性。从人性和人的本质的关系来看，人性表现着人的本质，而人的本质是人性的根据。理解马克思主义哲学中的人性问题主要是人的社会属性问题，而人的本质离开人的社会性根本就无从谈起。

人的社会性是马克思在揭示人的本质过程中得出的一个现实的基本规定。马克思主义哲学从唯物主义立场出发，认为人是从类人猿进化而来的，劳动是由猿到人转变的根本推动力量。劳动是人的生命运动的形式，是满足人的需要以维持人的生命存在的主要手段。只有从劳动出发才能把握人类的特性，将人类与一般动物区分开来，同时，马克思还认为，仅从类的角度不能确定人的不同本质。因为劳动是在社会关系中进行的活动，每个人所从事的劳动不同，他们的地位也不同，这种具体的人的不同本质，仅靠劳动是区别不开的，因此，马克思进一步指出："人的本质不是单个人所固有的抽象物，在其现实性上，它是一切社会关系的总和。"

马克思对人的本质的这一经典论述和科学论断，严格地说，并不是对"人的本质"做出的定义性的回答，而是为我们提供了一个认识人的本质的立场和方法。也就是说，研究人的本质问题，必须把人放在特定的历史条件下和具体的社会关系中考察。

具体说来，马克思关于人的本质这一论断，包含有以下三层含义：

第一，人的本质是人的真正的社会联系。人类社会历史是由活动的人构成的，人的物质生产活动既创造了社会，又创造了人自身。人是什么样的，既和他们生产什么相一致，又和他们怎样生产相一致。这正如马克思所说："个人是什么样的，这取决于他们进行生产的物质条件。"这里的物质条件不仅包括社会的物质财富，还包括社会的交往关系。换句话说，人的本质不是天生的，而是在人的物质生产活动所形成的社会关系中产生的，有什么样的社会关系，就有什么样的人。

第二，人的本质是在具体的社会关系中表现的。人是多种社会规定性统一的实体，其中包括生产关系、政治关系、地缘关系、血缘关系等。这些关系涉及社会生活的方方面面。人的本质是一切社会关系的总和，是对这一切关系的集中表现，因此，只有把人放在现实的关系中全面考察，才能真正把握人的本质。同时，生产关系在诸多关系中起决定作用，无论哪一个历史时期的人，总是处在一定的生产关系之中。只有首先把握人们的生产关系，才能进而把握人的各种社会规定性及其统一，因此，分析人的本质既要看到社会关系的总和，又要注意到生产关系的决定作用。

第三，人的本质随着社会关系的发展而发展。生产关系是随着人的实践活动的变化而变化的，生产关系的变化导致其他社会关系的变化，当然，人的本质也随之而发生变化。这种变化是历史的、具体的过程。在不同的历史形态中有不同的人的本质。认为人的本质是固定不变的，也是一种抽象的人性论。

总之，马克思主义哲学对人的本质的论断，揭示出人的本质的科学内容。它不仅把人与动物从根本上区别开来，而且可以把同一时代和不同时代人的不同本质相互区别，从而为揭示人的本质和认识人的自身找到了一条现实的道路和方法，把对人的认识提高到了科学的水平。

知识拓展

有人提出"趋利避害"是人的本性，并由此进一步推论出自私是人的本质，说人是"自私的动物"，这种观点是不正确的。首先，趋利避害几乎是一切生命物质都具有的特性，它是生命物质的一种本能，而人与动物有着本质的区别，因此，把生命物质都具有的趋利避害的本能说成是人的共同本性就把人降低到动物的水平。其次，"自私"这种观念并非从来就有，在没有私有财产即在私有制建立之前，人们并没有"自私"的观念。只是到了私有制建立之后，"自私"观念才逐渐形成。随着私有制的彻底消灭，私有观念也将最终消失。可见把"自私"说成是人的天生本性，是没有科学根据的。

二、个人与集体、个人与社会的关系

（一）个人与集体的辩证关系

个人是指处于一定的社会关系之中并具有不同的社会地位、才能和作用的个体的人。集体，从宏观上说，是指社会这个大集体；从微观上说，是指以某种共同目的或任务联系、结合在一起的人们的集合体。

个人和集体的关系是辩证统一的：一方面，个人依赖于集体。健康发展的集体为个人的发展创造良好的条件，是个人施展聪明才智的舞台，同时，集体利益的实现还是个人利益得到满足的前提条件。另一方面，个人也作用于集体。集体是由个人组成的，集体的发展依赖于个人的共同努力。个人的状况在不同程度上影响着整个集体，个人作用的发挥是集体总体力量发挥的前提，个人利益满足的程度制约着集体利益的发展，因此，个人的发展是社会、集体发展的基础。

个人和集体是相互依赖、相互作用的，在这种辩证统一的关系中，集体对个人的影响和作用具有根本性的意义。在不同的社会形态里，个人和集体的关系具有不同的特点。在以私有制为基础的社会中，由于阶级关系的制约，个人和社会往往处于对立的状态，个人与集体的结合也存在着种种的障碍。只有社会主义社会才为个人施展才干提供有利的经济的和政治的条件，并使个人在为社会、为集体的服务中实现自身的价值。正确处理个人和集体的辩证关系，既要坚持集体主义原则，提倡先集体、后个人，个人利益服从集体利益，又要兼顾个人的合理利益，重视发挥个人的作用，这是社会主义现代化建设中的一个重要课题。

（二）个人与社会的辩证关系

个人是社会产生与存在的现实前提和基础，社会是个人交互作用的产物。个人与社会相互依存、相互制约、相互促进。

个人与社会的矛盾性在于人的个体性和社会的整体性。现实中的每一个人都有着自己独特的个性，每个人的年龄、高矮、胖瘦、相貌、志趣、爱好、气质、能力、信仰、信念都是不相同的，找不到完全相同、绝对一样的两个人。每个人都有着区别于社会上其他个人的特征。社会正是由这些千差万别的个人组成的整体。社会整体性表现在它有着共同的经济秩序、共同的政治制度和法律规范以及共同的文化传统。

个人与社会的统一性在于人的社会性：一方面，个人要依赖社会。任何个人都以一定的社会及其关系作为自己存在的前提，都要生活在一定的社会关系之中，都带有他生活于那个社会的特点，任何个人的思想和行为都要受到经济、政治、文化状况的制约，同时，个人发展依赖于社会进步，没有社会进步，就没有个人的发展。另一方面，社会依赖个人，依赖个人能动性的发挥。人是有意识的动物，具有认识社会、改造社会的能力。社会正是在一代又一代人的努力下才不断走向进步的。个人通过参加社会劳动创造一定的生产力，促进社会物质文明的发展；个人通过参与政治和精神生活，促进社会上层建筑和意识形态的发展和变化，促进社会政治文明和精神文明的发展。个人通过自己的文明行为，促进社会与自然的和谐，实现自然与社会的可持续发展。

在个人和社会的关系中，个人依赖社会，社会影响和制约个人具有决定性的意义。社会是人的社会，人是社会的人，每个人的生存和发展都离不开社会，而社会的进步又推动个人的生存和发展。明白这样的道理，青年学生就应当主动地关注社会，胸怀天下，主动寻找自我在社会中的位置，尽最大的力量发挥自己改造客观世界，同时也改造主观世界的主观能动性。

（三）正确处理个人与集体、个人与社会的关系

个人与集体的关系，在很大程度上是个人与社会关系的具体化和实现形式，也是个人与社会的某一特定关系的表现。正确处理个人与集体、个人与社会的关系是最大限度地实现人生价值的前提条件。

1. 个人与集体关系和个人与社会的关系

个人与集体关系和个人与社会关系是人们在社会生活中都必然遇到的两个不同层次的关系。这两种关系对于个人存在和发展的作用是既有区别又有联系的。个人和集体的关系较之个人和社会的关系更为直接，个人与社会的关系较之个人和集体的关系更为宽泛；调节个人与集体的关系的规范则主要是纪律、章程和规章制度，而调节个人与社会的关系的规范是法律和道德。在人们的社会活动中，首先遇到的是个人与集体的关系。正确处理个人和集体的关系，可以满足人们生存的需要、归属的需要、安全的需要和交往的需要。但是，个人与集体的关系经常要受到个人与社会的关系的制约和决定。个人一旦成为某个集体的成员，约束其行为的就不仅有集体的纪律和规章制度，还要有社会的法律和道德，而集体的纪律和规章制度只有同社会的法律和道德相符合才能持久、有效地发挥作用。所以，个人与社会的关系往往要通过个人与集体的关系做中介，正确处理个人与集体的关系同正确处理个人与社会的关系是一致的。在我们的思想和行动中，混淆这两种关系的界限，或者把二者绝对地对立起来都是错误的。

2. 坚持集体主义价值观

今天，我国正处在全面建成小康社会、加快推进社会主义现代化建设的新时期，我们在经济全球化、政治多极化的背景中进行改革开放，人们的思想意识受市场经济等因素的影响，呈现出多样化的特点，居主导地位的是以为人民服务为核心的集体主义价值观。但是，在一部分人中也滋长了拜金主义、享乐主义、极端个人主义等错误的价值观。如何正确认识社会生活中存在的种种价值观，并做出正确的选择，这是构建和谐社会必须解决的重要理论和实践问题。社会主义的经济、政治关系的本质，要求我们必须正确处理个人与集体、个人与社会的关系，树立和践行与之相适应的集体主义价值观，在行为选择上坚持集体主义的价值取向。

坚持集体主义的价值观，就要做到"心中有他人，心中有集体，心中有国家"。要坚持集体主义，反对个人主义。集体主义的基本内容，就是要把国家利益与集体利益

放在首位，把个人利益与国家利益、集体利益统一起来。要顾全大局，反对小团体主义。

坚持集体主义的价值观，就要把个人对社会的贡献看做是社会发展和进步的前提条件。就要要求每个社会成员承担应有的责任，进行创造性的劳动。如果人人只想从社会获取东西，却不想对社会做出贡献，这个社会就不可能存在和发展，个人的生存和发展也就失去了根本保证。

三、"公"与"私"、"义"与"利"

（一）"公"与"私"的对立统一

"公"就是社会的或公共的利益，"私"就是个人的利益。公私观是人们对"公"与"私"关系的根本看法，是人生观的一个重要方面。

"公"与"私"是既相对立又相统一的关系。从静态上观察，公与私是彼此对立、互相排斥的两个方面，即社会的或公共的利益不等于个人的利益，个人的利益也不等于社会的或公共利益。

"公"与"私"的统一表现为二者相互联结、相互包含并在一定条件下相互转化：第一，"公"与"私"相互联结是指"公"与"私"互以对方为自己存在的条件，共居于一个统一体中（共存于一个国家、一个单位内部），没有公就无所谓私，没有私也就无所谓公。第二，"公"与"私"相互包含是指社会利益包括每个社会成员的个人利益，社会利益的增长是个人利益得以实现的客观条件。换句话说，集体利益是个人利益得以实现的基础。对于集体利益的任何破坏，结果都会转化为社会成员个人利益的丧失，同样，社会是由个人组成的，社会利益的增长内在地包含于众多个人的创造性劳动过程中，而个人劳动积极性的发挥是以正当个人利益的满足为前提的。第三，"公"与"私"在一定的条件下是相互转化的。"化公为私""损公肥私"，将公有财产据为己有，是由"公"向"私"的转化；在社会主义革命过程中将剥削者的私有财产变为国有财产，在社会主义建设中没收各种非法分子的非法所得，又是由"私"向"公"的转化。

（二）"义"与"利"的对立统一

"义"是一个含义极其广泛的道德范畴，本指公正、合理而应当做的；"利"指的就是物质利益，包括国家利益、集体利益、个人利益。义利观是人们对"义"与"利"关系的根本看法，是人生观和价值观的一个重要方面。

"义"与"利"的关系是辩证的。"义"不是"利"，"利"也不是"义"，二者的区别是显而易见的。如果混淆"义"和"利"的界限，就会得出十分有害的结论。"义"和"利"是相互联系的。道德信仰作为观念性的东西，是对物质利益的反映，它不仅在物质利益基础上产生，而且还会随着物质利益关系的变化而变化；同时，道德信仰对物质利益又有着巨大的反作用，对物质利益的增长、分配进行调节、制约和指导。

（三）正确处理"公"与"私"、"义"与"利"的关系

"公"与"私"的关系、"义"与"利"的关系具体地说也就是个人利益与他人、集体和社会利益的关系。对这两种关系的不同把握决定了人们对荣辱的不同理解。正确处理"公"与"私"的关系、"义"与"利"的关系，是树立和践行社会主义人生观、价值观的前提条件。

正确处理"公"与"私"的关系，就要坚持社会主义、集体主义原则，把国家利益、社会利益、个人利益结合起来，将国家利益、集体利益放在第一位。当个人利益和国家利益、集体利益发生矛盾时，个人利益必须服从国家利益、集体利益，反对一切损人利己、损公肥私、金钱至上、以权谋私、敲诈勒索的腐朽思想和行为。我们要把先公后私作为处理公私关系的基本原则和努力追求的道德境界，一切从国家利益、集体利益出发，为了国家利益和集体利益勇于牺牲个人利益。

【案例】陈嘉庚是一位伟大的爱国者，著名的实业家，也是一位毕生热诚办教育的教育事业家、名副其实的教育家。陈嘉庚说："国家之富强，全在于国民，国民之发展，全在于教育，教育是立国之本。"本着上述办学目的和动机，他不惜倾资办学。

早在清光绪二十年（1874年），他就捐献 2000 银圆，在家乡创办惕斋学塾。1914年 3 月陈嘉庚在家乡集美创办小学，以后陆续办起师范、中学、水产、航海、商业、农林等校共 10 所；另设幼稚园、医院、图书馆、科学馆、教育推广部，统称"集美学校"；此外，资助福建省各地中小学 70 余所，并提供办学方面的指导。1921 年陈嘉庚认捐开办费 100 万元，常年费分 12 年付款共 300 万元，创办了厦门大学，这是一所华侨创办的唯一大学，也是全国唯一独资创办的大学。新中国成立后，陈嘉庚不余己力，扩建集美学校和厦门大学，群众称他为"超级总工程师"。

思考：陈嘉庚是践行爱国主义精神的楷模，青年学生应当怎样以实际行动向陈嘉庚先生学习？

正确处理"义"与"利"的关系，要做"义"与"利"的统一论者，既要讲利，更要讲义。只讲义不讲利，只能是虚伪的道德说教；只讲利不讲义，就会损人利己、损公肥私。有意义的人生，应当是"义"与"利"相统一的人生。

知识拓展

在中国，传统义利观的内容十分复杂。孔子以义利作为君子和小人的分野，认为"君子喻于义，小人喻于利"，主张"见利思义"。孟子要求"先义而后利"。荀子强调"先义而后利者荣，先利而后义者辱"。所以，古人认为，在处理义与利的关系时，应"义以为上"，必要时做到"舍利取义"，甚至"舍生取义"。

北京同仁堂创建于 1669 年，距今已有三百多年的历史，从创业之初就提出了"济

世""养生"的经营宗旨，在赚钱与济世养生这二者之间，始终把济世养生放在第一位，为济世养生制药卖药。在"义"与"利"的关系上，重义在先，通过重义而获利，注重信誉，讲究商德，因此，在制药时，坚持"修合无人见，存心有天知"，"炮制虽繁必不敢省人工，品味虽贵必不敢减物力"。数百年下来，依然受到世人追捧，北京同仁堂是块名副其实的金字招牌。

随着经济全球化的发展，西方发达国家以各种方式将其个人主义、实用主义的价值观念向全世界传播，而市场经济的发展也使人们更加注重经济利益，追求物质方面的享受。在新的形势下，青年学生应正确处理"义"与"利"的关系，着力强化自己对社会、民族的历史使命感和社会责任感，明确自己的价值取向，树立正确的人生观和价值观。

四、正确处理利己与利他的关系

（一）利己与利他的含义

笼统地讲，利己是有利于自己的意思，利他则是有利于他人的意思。实际上，对利己和利他的含义还应该进行更为具体深入的分析。

利己有两种不同的形式：一是从损人的主观愿望出发，以不正当手段获得自己的利益；二是在不损害他人利益的前提下以正当手段获得自己的利益；而从损人的主观愿望出发以不正当手段获得自己利益的思想观念通常称之为利己主义。

利他也有两种不同的情况：一是既在主观上是为了别人，也在客观上产生了有利于他人的效果；二是在主观上是为了自己，但在一定条件下却产生了某些利他的客观效果。从思想观念上来说，前者是真正的利他主义，而后者在本质上仍然是利己主义的。

利己主义和利他主义具有截然不同的特征。利己主义把个人利益放在第一位，其基本特点是以自我为中心，以个人利益作为思想、行为的准则和道德评价的标准，把追求个人利益和满足私欲作为一切行动的出发点和归宿，把个人幸福看作一切行动的规范和道德基础。利他主义把他人利益放在第一位，其基本特点是以社会为中心，把社会利益和他人的幸福快乐视为自己的幸福快乐，以满足他人的需要为自己行为的道德评价标准，把实现他人利益和社会需要作为一切行动的出发点和归宿。

受利己主义和利他主义两种不同观念的支配，利己与利他在行为上的表现也是截然不同的。前者为实现个人利益而着想，某些人甚至表现的吝啬自私，损人利己，损公肥私，"拔一毛而利天下，不为也"。后者则毫不利己，专门利人，一心为公，心忧天下，奉献社会，造福他人且不图回报。

【案例】郭文标是浙江省温岭市石塘镇小沙头村普通村民，在浙江东南温岭一带的海域上，几乎每一位渔民的心中都铭记着他的名字及手机号码，身处绝境的渔民们只要拨通这个号码，郭文标总会在最短的时间内赶到，及时伸出救援之手。正是他，三十年如一日无偿地守护着这片海域，并在惊涛恶浪中夺回一百三十多条濒临绝望的生命。

舍己救人的郭文标从不收报酬，每年下来，仅油费损失就达八万多元，这对于他并不富裕的家庭来说是一笔沉重的负担。多少回冒险救人，多少次浪口搏命，满身伤疤是最忠实的记录这么多年，为了救人，他亏欠了家人很多很多，但始终不改郭文标纯朴的择善之心。"人就活这么一世，能多做一件好事就是一件。"郭文标总是把这句话挂在嘴边，刻进心底。

有人说："主观为自己，客观为别人。"你认为这句话对吗，为什么？

（二）正确对待利己与利他

利他与利己，是人们的社会价值与自我价值的关系问题，社会主义市场经济条件下，利他与利己的统一，体现的是人的社会价值与自我价值的统一。

正确对待利己与利他，要树立马克思主义的人生观和价值观，提倡利他主义的思想观念，赞美奉献社会、造福他人的行为，反对利己主义的思想观念，杜绝吝啬自私、损人利己的行为。作为新时代的青年，要自觉地实现利他与利己的有机统一、社会价值与自我价值的有机统一：一方面，要把社会发展和人民幸福作为自己发展的基础，将自身的发展融入民族振兴、国家富强、社会发展的伟大事业中，在为社会创造物质和精神财富过程中实现自身的社会价值，在服务人民的过程中得到自身的公平利益；另一方面，要注重保护自己的合法权益，表达自己的合理诉求，致力于自己的全面发展，通过艰苦努力和诚实劳动，既使自己获得公平利益，也在实现自我价值过程中为社会创造更多的物质财富和精神财富。

知识拓展

《吕氏春秋·去私》中有这么一则故事。春秋时，晋国的南阳县缺个县令，晋平公问他的大夫祁黄羊该派谁去当这个县令最好，祁黄羊极力推荐解狐去。晋平公问祁黄羊："解狐不是你的仇人吗？"祁黄羊回答说："您问我谁可担任县令，并没有问我谁是我的仇人啊！"晋平公根据祁黄羊的意思派解狐当了南阳的县令，国内的人对此称赞不已。

过了不久，晋平公又问祁黄羊："国家缺少了一个管理军事的官员，你看谁可以担当此任？"祁黄羊回答道："祁午可以。"晋平公又问："祁午不是你的儿子吗？"祁黄羊回答说："您问的是谁可以担任军事长官，没有问谁是我的儿子呀！"于是，晋平公派祁午担任军官，祁午也干得很好。推荐外人不回避仇人，推荐家人不回避自己的儿子。后来，孔子听到了这件事，感叹道："祁黄羊可识千里马，可称得上'公'。"

思考：根据祁黄羊"外举不避仇，内举不避亲"的故事，谈一谈怎样正确对待利己与利他的关系。

体验与探究

1. 爱因斯坦曾经说过："我们吃别人种的粮食，穿别人缝的衣服，住别人造的房子。我们的大部分知识和信仰都是通过别人创造的语言由别人传授给我们的……个人之所以成其为个人，以及他的生存之所以有意义，与其说是靠他个人的力量，不如说是由于它是伟大人类社会的一个成员，从生到死，社会都在支配着他的物质生活和精神生活。"

思考：爱因斯坦这段话说明了什么道理？请详细叙述有关原理。

2. 宋代思想家朱熹说："一心可以兴邦，一心可以丧邦，只在公私之间尔。"

思考：请根据本节学习的基本观点认真分析树立科学的公私观的重要意义。

3. 右眼失明且又因车祸断了右腿的拾荒者郑某，家庭生活非常艰辛。一天上午，他在收购废铜时被骗子骗走了 5900 元，下午，在银行取款时银行竟多给了 15000 元。面对从天而降的巨款，刚刚破财的郑某不为所动，他说："昧心钱，我一分也不能要。"当即把 15000 元钱退还了该银行。

思考：拾荒者老郑的行为体现了什么精神？你是怎样看待这种精神的？

4. 你在现实生活中是如何对待利己与利他之间的关系的？

第二节　人生价值与劳动奉献

一、人的价值

（一）人的价值及其特点

作为哲学的范畴，价值是指客体（事物）对主体（人）的积极意义。价值涉及两个方面：一方面是主体的需要和满足；另一方面是客体的属性和功能。一个事物有没有价值，主要看它能不能满足主体的某种需要。

在价值关系中，人与其他存在物是不同的。其他存在物只是价值客体，即只能是满足人需要的客观对象；人既可以是价值客体，也可以价值主体。当人通过自己的活动满足他人、集体和社会的需要时，他是作为价值客体而存在的；当人自身的生存和发展从他人、集体和社会那里得到尊重和满足时，他又是作为价值主体而存在的。

所以，人的价值属于个人与社会关系的范畴，是作为客体的人对作为主体的人的需要的满足，是客体的人对主体的人的积极作用。同其他存在物的价值相比，人的价值具有自身的特点。

1. 人的价值具有社会性。人的存在是社会性存在，人的价值关系只有通过一定的社会关系才能形成，人的价值只有通过一定的社会关系才能够实现。在阶级社会里，人的价值只有经过一定阶级的共同努力才能够实现。

2. 人的价值具有中介性。首先，任何人的活动都要借助于一定的社会方式来进行，任何单个人的孤立的"自我奋斗"是不存在的。其次，人的价值实现并不是像一般事物那样以其自身的某种属性直接供主体来消费的方式完成，而是要通过人们的实践活动，以实践活动的成果（物质的和精神的）满足他人和社会的方式来实现。

3. 人的价值具有主动创造性。人们的实践活动是有目的有意识的活动，具有主动创造性的特征。通过实践活动，人们能够改变客观对象的原有存在状态，使其成为对自己有价值的东西；通过实践活动，人们能够认识客观对象新的性质和属性，发现客观对象的新价值，使其成为对自己更加有价值的东西。

（二）人的自我价值与社会价值

人的价值是自我价值和社会价值的统一。人的自我价值是指社会对个人生存和发展的尊重和满足；人的社会价值是指个人对社会责任和贡献。所以，人的价值属于个人与社会的关系范畴，体现的是个人与社会的相互依赖的关系。

在个人与社会相互依赖的关系中，个人依赖社会是由人的本质所决定的。人的本质是在于他的社会性，离开了社会，离开了在生产劳动过程中形成的社会关系，个人也就失去了存在和发展的依据。

在个人与社会相互依赖的关系中，社会依赖个人是因为社会本身是由无数个人和个人的实践活动组成的，离开了个人和个人的实践活动，社会就失去了存在和发展的基础。

个人与社会相互依赖的关系，一方面，要求社会应当肯定人的自我价值，尊重个人的劳动和贡献，尽可能为满足个人发展自己的个性和才能的需要提供必要的物质条件和精神条件；另一方面，也要求每个个人努力实现自身的社会价值，自觉地把自己融入社会之中，为社会负责，对社会贡献，在促进社会发展的同时也促进自身的发展。

人的价值是一种创造价值的价值，人的价值是在劳动过程中实现的。在劳动过程中，人不仅能够满足自己的需要，也能够把本身创造的物质财富和精神财富提供给他人和社会，以满足他人和社会的需要。马克思主义强调人的自我价值，更强调人的社会价值，认为评价一个人的价值主要的不在于他的活动在多大程度上满足了自己的需要，而在于为他人和社会所做的贡献，贡献越多，其价值也就越大。因为，任何个人只有首先为他人和社会做贡献以实现自己的社会价值，其劳动才能得到他人和社会的承认，其人格才能得到他人和社会的尊重，社会才能够肯定他的自我价值，满足他发展自己的个性和才能的需要。如果离开对他人和社会的贡献，一味强调自我价值及其实现，就会陷入个人主义的泥坑。

我们应该反对只重视自我价值的个人主义。在剥削阶级占统治地位的社会中，"人对人是虎狼"，个人利益和社会利益是对立的，因而，在那样的社会中，人的自我价值和社会价值也是对立的。在社会主义社会，个人利益和社会利益从根本上来说是一致的，因而，人的自我价值和社会价值从根本上来说是统一的。这种统一具体表现为权利与义务、享受与奉献、消费与创造的统一，表现为在劳动过程中奉献社会，又在奉献社会过程中享受美好的人生。

伟大来自平凡的事业，只要在平凡的事业中具有无私奉献的精神，就能为伟大的事业做出自己的贡献，体现自己的人生价值。

【案例】经大忠，四川省绵阳市北川羌族自治县县委副书记、县人民政府县长，2009年2月5日获2008年度"感动中国十大人物"称号。

2008年5月12日，汶川大地震中，北川县是受灾最严重的县。地震发生时，北川县长经大忠正在开会，他果断地组织与会人员疏散，并用最快速度将县城里的八千多幸存群众集中在安全区域。全面的救援工作展开以后，经大忠成为北川抗震救灾前线指挥部副指挥长，始终战斗在第一线。

5月14日下午，经大忠带领工作人员在废墟中救起了一个小女孩。当经大忠抱着孩子往担架跑的时候，孩子一直在哭泣。经大忠摸着她的脸，安慰她："别怕，孩子，爸爸救你来了！"这一幕让在场的所有人动容。

地震发生后，经大忠三天三夜没有合眼，他说："群众是我们的兄弟姐妹，只有我们舍命，被埋的人才有更大的希望获救。"

震后，北川县城大部分被埋。经大忠家中的6个亲人全部遇难。"我是一县之长、一名共产党员，不能撇下父老乡亲，他们也是亲人！"这位铁汉流着热泪解释。

思考：根据经大忠的事迹写一篇作文，谈谈人的价值问题。

（三）人的价值贵在奉献

"奉献"即为他人服务，做出贡献，是不计回报的无偿服务。与奉献相对应的是索取。索取即讨取、要求得到。奉献与索取，无非有三种情况：一是奉献小于获取，就是得到的东西多于其创造的价值，这就必然要占有他人的劳动，侵占他人的利益。如果大家都是这样，人类就无法生存下去，整个社会就会崩溃。二是奉献等于获取，就是创造多少，获得多少。如果大家都是这样，人类就只能维持简单的再生产，社会也不能发展。三是奉献大于获取，就是人们在获取的同时还能提供积累，献给他人，留给后代，从而促进社会进步。

奉献和索取是两种不同的主观意向，体现着两种不同的人生方向。一个对社会有责任感的人，不以个人索取和占有为目的，而以为他人、为社会谋利益，以推动历史发展为己任。那些只知道索取而不愿奉献的人只是行尸走肉，是不能体现出什么人生价值的。

人生的价值不仅在于像孔子、孙中山、毛泽东、邓小平、哥白尼、牛顿、居里夫人、爱因斯坦等伟人一样成就轰轰烈烈的事业，也在于默默无闻地做了些什么。有名望的人可以发挥更大一点的作用，可以在更大的范围内和更深的程度上对社会发展和人类进步做出自己的贡献，而作为社会的普通一员，同样可以有所作为。小区的保安员、社区早餐供应者、马路上的环卫工，当别人还在睡梦中的时候，他们已经在辛勤地忙碌着。

社区的祥和安宁、清晨的可口早点、晨曦中清洁的马路，都凝结着他们的劳绩，体现着他们的高尚。普通劳动者的事业也是整个社会发展所不可缺少的光荣事业。

奉献不是痛苦，不是丧失，不是剥夺，而是爱心的流露，善意的升华，美德的弘扬。奉献是同幸福、快乐、满足连在一起的。奉献使人充实，使人快乐，使人高尚。我国有位科学家在荣获国家最高科学技术奖后说："为了心中的梦想，18年我没有休息过节假日。对我来说，科研本身带来的愉快是最大的报酬，科学奉献祖国是最大的幸福。"我们在奉献中生活，也在生活中奉献。我们享受着前人奉献的成果，同时也担负了给后人以奉献的重任，这就是我们的生命在历史中的地位。

二、人的价值实现的条件

人的价值实现要受到各种条件的制约。条件不同，实现人的价值的方式和程度也就不同。实现人的价值的条件是多方面的，既有客观的自然的和社会的条件，也有人们自己的主观条件。

（一）人的价值实现的客观条件

第一，实现人的价值的自然条件。物质生产活动是社会赖以存在和发展的基础，当然也是人们生存和生活的前提。人们的物质生产活动首先要受到自然环境条件的制约，自然环境条件不同，人们的物质生产的内容和效率也不尽相同，因而其所为社会发展做出的贡献也会有或大或小的差别。

在科学技术高度发达的今天，人的活动也不可能完全摆脱自然条件的限制，因而其价值实现也仍然具有某种局限性。比如，日本是一个自然矿藏十分贫乏的岛国，这一基本的自然条件决定了日本人实现其自身价值的基本范围和途径，即通过大力发展渔业、远洋运输业和高科技产业的方式对本国的生存和发展做出贡献；相反，生活在海湾地区石油大国的人们则完全可能依靠出口石油资源来发展本国经济。由此可见，由于人们各自生活在其中的地域的自然条件不同，使得他们在实现自身价值的方式上表现出种种差异来。

第二，实现人的价值的社会条件。人的活动是社会性的活动，因此，人生价值的实现需要社会的经济条件、政治条件和文化条件。

实现人的价值的社会经济条件包括生产力和生产关系。每一个历史时代的生产力发展水平对于当时的人们创造社会财富的活动具有决定性的意义。一般来说，生产力发展水平越高，人们创造社会物质财富的能力越强，其价值实现的物质条件就越好；反之，如果生产力发展水平很低，就会影响人的价值的实现，同时，一定历史时代的生产关系对于人们创造社会物质财富的活动也具有重要的作用。生产关系越是同生产力相符合，就越能够激发人们进行物质生产的积极性和创造性。

人的价值实现的社会政治条件包括一定社会的政治制度、法律制度以及统治阶级的路线、方针、政策等。政治法律制度一旦形成，就会成为一种客观的现实力量，在很大程度上规范着人们的价值选择，影响着人们的价值观念，规范着人们的社会行为。

人的价值实现的社会文化条件包括知识观念、科学理论、价值规范、道德观念、语言等。社会文化是一种强大的社会力量，它影响着人们的价值取向、思维方式、行为方式，从而影响着人们的价值实现。在复杂的社会文化条件中，科学对人们创造能力的发挥具有决定性的意义。一般来说，社会整体的科学发展水平越高，人们的创造能力就越容易发挥；相反，社会整体的科学发展水平越低，人们的创造能力便不容易得以发挥。

（二）人的价值实现的主观条件

客观条件是实现人的价值的基本保证。但是在客观条件基本相同的情况下，有的人实现了自己的人生价值，为人民为社会做出了贡献；而有的人虽有远大目标，却鲜有行动，没有能够实现自己的人生价值。究其原因，就是两者的主观条件不同，主观能动性发挥的程度不同，因而其价值实现的能力不同。

在一定的客观条件下，主观条件越成熟，主观能动性发挥得越充分，个人对社会的贡献就越大，人生就具有更大的价值。实现人的价值的主观条件包括思想政治素质、道德素质、科学文化素质、心理素质和生理素质。

良好的政治思想素质能够使人们正确把握社会发展的方向，认清社会发展的规律，把自己的人生选择建立在科学认识的基础上，把自己的人生理想贯彻在全心全意为人民服务的行动中。

高尚的个人道德素质能够净化我们的灵魂，培养我们爱祖国、爱人民、爱劳动、爱科学、爱社会主义的道德品质，成为高尚的、纯粹的、有道德的、脱离了低级趣味的、有益于人民的人，成为"有理想、有道德、有文化、有纪律"的人，成为为人民、为祖国、为人类倾心奉献的人。

科学文化素质是人的价值实现的必备条件。在科学技术高度发展的今天，只有用现代科学知识武装起来的人才能担负起时代的重任，成为社会主义现代化建设的合格人才，才能挺立改革开放的潮头，迎接市场经济的挑战。

健康的心理素质可以使我们乐观豁达、充满信心，可以使我们公正客观、自强自立，可以使我们百折不回、直面人生。健康的生理素质（即身体素质）可以使我们提高工作效率，适应工作环境，增强工作耐力，协调工作行为，从而较好地完成工作任务。

（三）在个人和社会统一中实现人生价值

客观的自然和社会条件以及主观条件对于人的价值实现来说都是不可缺少的。明白这样的道理，我们就应当在个人和社会的统一中实现人生价值：一方面，要把客观的自然条件和社会条件作为实现自己人生价值的基础。我国社会主义制度为实现人生价值提供了前所未有的制度保证。青年人要充分把握我国社会主义制度的基本要求，坚持正确的价值导向，在为社会、为人民服务的过程中最大限度地实现自己的人生价值。如果无视社会的需要，不顾现实的条件，以个人为本位，一味地"自我选择""自我实现"，那么，这样的价值目标非但实现不了，而且追求这种价值目标的行为还必然会损害他人和社会的利益，成为一种负价值。另一方面，要充分发挥个人的主观能动性，不断提高政治思想素质、道德素质和科学文化素质，提高自己心理素质和生理素质，找准自己的位置，发挥自己的潜能，抓住改革开放事业的发展为我们带来的良好机遇，刻苦学习，努力工作，在为社会发展奉献青春年华的同时，也使自己获得全面的发展。

【案例】志愿者莫锋，2003 年从北京大学医学部毕业，在"非典"疫情肆虐之际，他毅然放弃了深圳疾控中心月薪 7000 元的工作，第一个报名参加共青团中央等组织的大学生志愿服务西部计划，到内蒙古巴林右旗卫生防疫站从事志愿服务。

服务期满后，莫锋决定留在大草原。对此，他的家人说什么也不能接受。经过反复劝说，两个月后，父母最终同意了儿子的决定。莫锋是一个地道的南方人，初到内蒙古，显得很不适应。但是，面对困难，他没有退缩，在艰苦磨炼中学会了吃羊肉、喝奶茶、骑马，学会了唱蒙古歌曲，习惯了北方的严寒和风沙，很快和当地群众打成一片。在工作中，他经常深入农村牧区和农牧民家中，指导基层卫生防疫工作，他的敬业精神深深感动了当地的干部和群众。

2004 年 3 月，莫锋被团中央授予"中国十大杰出青年志愿者"称号，以表彰他在国家大学生志愿服务西部做出的贡献。

回首走过的路，莫锋说："要想在西部实现梦想，首要的是要适应环境，与当地群众打成一片；第二要务实，实实在在干事是本分，这里不是适合镀金的地方，现在也不是一个适合镀金的年代；第三要有毅力，既然选择了西部，就要耐得住寂寞，做好长期战斗的准备。"

思考：谈谈你打算怎样自觉地融入社会，在为社会服务的过程中实现自己的人生价值？

三、在劳动创造中实现人生价值

（一）劳动创造了人与人类社会

劳动是人和人类社会存在和发展的最基本形式，是有劳动能力和劳动经验的人在生产过程中有目的的支出劳动力，创造社会物质财富和精神财富的活动。在人和人类社会的形成过程中，劳动起了决定的作用。

第一，劳动创造了生产工具，使猿手变成了人手。人类祖先在从猿向人转化的过程中一开始具有的是一种"动物式的本能的劳动形式"，这种劳动形式不断进步、发展，促进了手和脚的专门化发展，使前肢更加灵活、精巧，由直接利用自然界现成的"工具"向制造和使用人所特有的劳动工具进化，并进一步推动了人的身体结构向积极适应劳动活动的方向发生重大变化。

第二，劳动促使古猿的心理不断发生变化，并对自己、环境以及自己和环境的关系产生一种意识，这种意识虽然只是一种近似于"纯粹动物式的意识"，但却是人类意识的萌芽和发端。

第三，劳动产生了语言，使人的意识得以形成和发展。劳动促进了人类祖先的相互交往。劳动越发展，越需要人类祖先彼此之间协调动作、交流经验。随着劳动形式的不断扩大和发展，随着古猿生理结构和心理结构的不断变化，他们之间交往的需要也越来越迫切。这样，彼此之间已经到了有些什么非说不可的地步了，于是语言开始产生。首先是劳动，然后是语言和劳动一起，成了两个主要的推动力，在它们的影响下，猿的脑髓就逐渐地变成人的脑髓，开始具有人的愈来愈清楚的意识、越来越抽象的思维。

第四，劳动产生了人的社会关系，把猿的群体改造成为人类社会。劳动促使社会成员更紧密地结合起来，因为它使互相帮助和共同协作的场合增多了。随着劳动的发展，猿的群体联系越来越广泛、越来越密切，并且随着完全形成的人的出现而产生了新的因素——社会，猿类的群体联系最终变成了人类的社会关系。

知识拓展

按照马克思的观点，劳动不仅创造了人类社会，而且还推动了社会的进步和人类的解放。因为，人类社会是一个从低级到高级、从简单到复杂的发展过程，这个过程是由劳动过程由低级向高级的发展决定的。全部社会关系不仅在劳动过程中产生，而且也是在劳动过程中发展的。随着劳动的数量和水平的不断提高，随着劳动形式的多样化和复杂化，人们之间的经济、政治、思想文化的联系越来越密切，社会发展的程度越来越高级。随着劳动的不断增长和社会的不断进步，人类也在越来越高的程度上获得解放。

劳动是人类社会历史的起点，在劳动这个最基本的社会实践中，孕育着社会未来发展的一切萌芽，而错综复杂的、丰富多彩的物质生活和精神生活的过程，不过是劳动过程的展开和深化，其最终的结果必定是美好的共产主义社会的实现。

（二）劳动体现人的本质力量

随着社会分工的发展，劳动具有越来越复杂的内容和形式，但从总体上说来，可分为脑力劳动和体力劳动两大类。劳动无论是什么样的内容和形式，都具有以下一些特征：

第一，劳动是人类有目的有计划的活动。劳动是在人的意识的支配下进行的，意识活动的目的性和计划性决定了劳动必然是指向一定对象、达到一定目的的活动。劳动是人类运动的特殊形式，如果失去了目的性和计划性，就不能把人类劳动与一般动物的活动区别开来。

第二，劳动是人类制造工具和使用工具的活动。一般动物只能利用自己的肢体器官和某些天然物来获取食物、筑巢建穴，而人类则是通过制造工具和使用工具来满足自己的需要。制造工具和使用工具是人类劳动的根本标志，也是人猿区别的根本标志。由于工具的制造和使用，才延长了人类的肢体器官，强化了人类的活动能力，提高了人类的生产效率。真正的劳动是从制造和使用工具开始的，人类社会的产生和发展也是在制造和使用工具的劳动过程中实现的。

第三，劳动是人类创造新事物的活动。劳动具有创造价值的价值，它不仅能够复制以往的活动成果，而且还可以根据人类对客观事物不断深化的认识以及对生活和生产的新需求创造出新的东西。人类从原始社会的洪荒之世发展到今天的文明社会，处处都凝结着人类创造性劳动的硕果。没有人类的创造性劳动，社会就永远是老样子。

（三）在诚实劳动中实现人生价值

在社会主义制度下，诚实劳动是指在各种法规、各项政策允许的范围内所从事的各种有益于社会发展的体力劳动和脑力劳动，如从事工农业生产、商业服务、科研和文教卫生工作，以及社会咨询、信息传播等；同时，"诚实劳动"又是指劳动者以主人翁的态度对待劳动的一种道德规范。其具体表现为：每一个有劳动能力的人都应该把为社会而劳动看作自己应尽的职责和神圣的义务，尽自己所能从事劳动；在劳动中发扬首创精神，不墨守成规，不满足现状，善于吸收各个时代、各个民族、各个国家的好东西，敢于在前人、他人成果的基础上努力学习，掌握最新的科学技术，使用最先进的科技装备。由此可见，诚实劳动是以合法劳动为基础的辛勤劳动、智慧型的劳动，既是劳动者品质的体现，又是创造美好生活的必由之路。

在建设中国特色社会主义的过程中，我们大力倡导诚实劳动，首先是因为，只有诚实劳动才能创造坚实的社会物质基础。社会财富的增加，生活水平的提高，是人们充分焕发劳动热情、辛勤的创造性的劳动的结果。其次，诚实劳动是做人的基本原则，也是做事的基本原则。人无信不立，事无信不成，诚信乃为人之本。只有在诚实劳动过程中才能成为一个对社会有用的人，成为一个受人尊敬的品德高尚的人，也只有在诚实劳动的过程中，才能维护社会的公平、正义，营造健康和谐的社会氛围。坑蒙拐骗、巧取豪夺是社会生活中的消极现象，不仅不能创造任何社会财富，还会毒害社会空气，消磨人的意志，引发社会纷争，破坏社会稳定。这是我们应当坚决反对的。

我们要大力弘扬"以辛勤劳动为荣、以好逸恶劳为耻"和"以诚实守信为荣、以见利忘义为耻"的社会主义荣辱观，在全社会树立正确的劳动观，在全社会形成劳动光荣、创造伟大的价值取向，讴歌劳动、赞美创造，反对好逸恶劳、不劳而获的思想。努力践行劳动最光荣、劳动者最伟大的真理，通过自己的勤奋劳动体现人生价值，通过自己的诚实劳动创造美好生活。

【案例】 一个顾客走进一家汽车维修店，自称是某运输公司的汽车司机。"请在我的账单上多写点零件，我回公司报销后，有你一份好处。"他对店主说。但店主拒绝了这样的要求。顾客纠缠说："我的生意不算小，会常来的，你肯定能赚很多钱！"店主坚持说，这事无论如何我也不会做。顾客气急败坏地嚷道："谁都会这么干的，我看你太傻了！"面对纠缠，店主也火了，他要那个顾客马上离开，到别处谈这种生意去。这时，顾客露出微笑并满怀敬佩地握住店主的手："我就是那家运输公司的老板，我一直在寻找一个固定的、信得过的维修点，你还让我到哪里去谈这笔生意呢？"

面对诱惑，不怦然心动，不为其所惑，虽平淡质朴，却让人领略到一种高尚的品格——诚信。

思考：什么是社会主义荣辱观？学习社会主义荣辱观，应当怎样树立正确的劳动观？

四、树立正确的苦与乐和生死观

（一）正确的苦乐观

苦乐观是人们对痛苦和快乐及其相互关系的根本看法，是人们在物质生活和精神生活中产生的不同感受和认识。苦乐观是由人生观决定的，有什么样的人生观就有什么样的苦乐观。在阶级社会，苦乐观带有明显的阶级性。历史上一切剥削阶级都把在政治和经济上压迫和剥削被统治阶级作为自己最大的幸福，把生活上吃喝玩乐、穷奢极欲作为自己最大的快乐，以达不到这个目的或失去这种快乐为最大的痛苦。无产阶级的苦乐观认为，人生的目的和意义在于消灭一切剥削阶级，解放全人类，实现共产主义的理想，使人人都过上自由、平等、和平、幸福的生活。若能在这个伟大的事业中贡献出自己的聪明才智和力量，即使需要历尽千辛万苦，也是快乐的；如不能实现这个理想或不能为实现这个理想贡献力量，则是痛苦的。

无产阶级的苦乐观是唯一正确的苦乐观。这种苦乐观深刻地体现了"苦"与"乐"的辩证统一关系，认为人类的生活既不存在绝对的"苦"，也不存在绝对的"乐"，生活的感受本来就不是非此即彼的"苦"与"乐"。幸福与痛苦、"苦"与"乐"本来就是浑然一体的。"苦"是手段，"乐"是目的，"乐"必须通过"苦"才能达到，即"苦尽甘来"。它提倡以苦为荣，以苦为乐，强调在实践中吃苦在前，享受在后，把方便让给别人，把困难留给自己，为人民苦在前头，乐在其中；还强调把个人苦与乐与民族、阶级、国家和集体的苦乐紧密联系在一起，以民族、阶级、国家和集体的苦乐为苦乐，做到"先天下之忧而忧，后天下之乐而乐"。

知识拓展

"先苦后甜""苦尽甘来"的基本内核

首先，"先苦后甜""苦尽甘来"承认了"苦"与"乐"体现了人生的必然。所谓"人生百味"，其中核心的内容是"人生五味"，即酸甜苦辣咸均是人生的滋味，这样的滋味缺一不可，"苦"即为其中一味。

其次，"先苦后甜""苦尽甘来"揭示了"苦"和"乐"的内在联系，将"苦"视为"乐"的前提，将"乐"视为"苦"的结果，这有利于唤起人们的斗志，将人们的精神调整到最佳的状态，在更高的平台上实现自己的人生价值。这也正是中国古人苦乐观中的智慧所在。

再次，"先苦后甜""苦尽甘来"反映了中国人民勤俭节约、艰苦奋斗的传统美德，使我们在反对及时行乐、苦行僧人格的同时，也保持了昂然向上的精神状态。

社会发展到今天，虽然人们的物质生活条件、精神生活条件、学习条件和工作条件是以往任何社会都不可比拟的，但是，"先苦后甜""苦尽甘来"的观念不能丢，勤俭节约、艰苦奋斗的传统美德不能丢。在人生的道路上，任何时候都不能忘记"当你在幸福的时候，不要忘记生活中还有痛苦；当你在痛苦的时候，不要忘记生活中还有幸福；享受不应享受的幸福，得到的往往是痛苦；勇于承担应当承受的痛苦，得到的往往是幸福"。

（二）正确的生死观

生死观是人们对生与死的根本看法和态度。不同的人生观，对生与死有不同的价值评价，从而形成不同的生死观。

对于生与死的问题，在古今中外的历史上，有所谓"悦生恶死"说，这种观点重生哀死，厌恶死亡、害怕死亡，想用各种手段逃避死亡；也有所谓"恶生悦死"说，认为生不过是累赘悬疣，而死则是解脱与快乐。

实际上，生和死是人生过程中的一对矛盾。生不是死，死也不是生，这是显而易见的。但是，生和死又相互依赖、相互包含，并在一定条件下相互转化。没有生就无所谓死，没有死，也无所谓生；生包含着死的因素，死也包含着生的因素。正因为如此，才有了人们生生死死、死死生生、更迭替换、吐故纳新、延续不衰的人类进化与发展的过程。

人类本身是自然的产物，其生命和发展要受自然规律的制约，有生必有死，生死乃必然，人们不可求长生不死，问题的核心或关键在于为什么而生，为什么而死。对于这个问题，人们从不同的人生目的和人生态度出发会有不同的答案。中国共产党从为人民服务的人生观出发，坚持正确的生死观，把生和死与人民的幸福、国家的富强和民族的复兴联系在一起进行考察和评价，认为为人民利益而生伟大，为人民利益而死光荣；为剥削阶级而生卑鄙，为剥削阶级而死可耻；为个人利益而生渺小，为个人利益而死卑微。

知识拓展

在中国历史上，不少思想家对生死问题提出了许多有价值的看法。孔子谓"杀身成仁"；孟子曰"舍生取义"；司马迁认为"人固有一死，或重于泰山，或轻于鸿毛"；庄子认为生是偶然，而死是必然，不必过于悲哀。中国共产党人在争取民族解放和进行社会主义建设的实践中，形成了革命英雄主义的生死观。毛泽东在张思德同志的追悼会上明确指出："'人固有一死，或重于泰山，或轻于鸿毛'。为人民利益而死，就比泰山还重；替法西斯卖力，替剥削人民和压迫人民的人去死，就比鸿毛还轻。"他为刘胡兰烈士题词说："生的伟大，死的光荣。"为"四八"遇难烈士题词说："为人民而死，虽死犹荣。"为天安门广场人民英雄纪念碑起草了如下的碑文："人民英雄永垂不朽"，"三年以来，在人民解放战争和人民革命中牺牲的人民英雄们永垂不朽！三十年来，在人民解放战争和人民革命中牺牲的人民英雄们永垂不朽！由此上溯到1840年，从那时起，为了反对内外敌人，争取民族独立和人民自由幸福，在历次斗争中牺牲的人民英雄们永垂不朽！"这说明，为真理为人民大众的利益，为人民的解放事业和共产主义事业奋斗而死，就是死得有意义、有价值，人民将永远纪念他们。

（三）坚持并实践正确的苦乐观与生死观

正确的苦乐观和生死观，是青年人传承先辈事业，成为国家栋梁之材，实现人生理想和人生价值的重要思想基础。

坚持和实践正确的苦乐观，就要从我做起，从现在做起，从具体的事情做起：一是要保持艰苦奋斗的思想作风，要有"先天下之忧而忧，后天下之乐而乐"的宽广胸怀和"为人民吃苦虽苦犹甜"的崇高精神，自觉抵制享乐主义、个人主义的影响；二是要在生活上朴素节俭，在物质生活上勤俭节约，不过分追求物质享受；三是要在工作上尽心尽责、埋头苦干、奋发进取、默默奉献，克服得过且过、消极懒惰的思想和行为；四是要刻苦钻研，勤学向上，要以"三更灯火五更鸡"的精神，博览群书，努力掌握建设社会主义现代化所需要的本领。

坚持和实践科学的生死观，就要树立科学的人生观和价值观：一是要正确认识自己在整个社会中的位置，把自己的生命看作是社会的一部分，而不仅仅属于自己，从而勇敢地承担起社会责任和义务，明确生命的价值和意义；二是要珍爱生命，要通过体育锻炼强健自己的体魄，要通过学习了解生命的意义，要通过行动拥抱阳光和美好，拒绝阴暗和邪恶；三是要勤奋拼搏，不畏任何艰难险阻，自强不息，不仅为个人，同时也为民族复兴、国家富强、社会和谐、人民安康贡献自己的力量，切不可沉溺于吃喝玩乐和争名逐利，从而浑浑噩噩虚度人生。

【案例】古时候有一个民族，所有的人都被赶进了困难重重的原始森林，死亡威胁着整个民族。在这危难的关头，人群中走出一个年轻的勇士丹柯。他披荆斩棘，率领着疲惫不堪的队伍艰难地行进。但人群中的怨气和恼恨向丹柯扑来，甚至有不少人想处死他。丹柯为了表明自己信仰的力量，突然用手抓开自己的胸膛，掏出自己的心来，高高地举在头上。这心比太阳还亮，树林在奔跑的人群面前向两边分开。奋进中虽然也有人死亡，但人们像着了魔似地跟着丹柯朝前冲，这个民族终于回到了广袤的草原。但丹柯却倒下了，他骄傲地笑着，那颗炽热的心散裂开来，变成许多的火星在人间闪亮。

思考：什么是科学的人生观和价值观？怎样坚持和实践科学的人生观和价值观？

体验与探究

1. 北京有位开公共汽车的老司机，在工作岗位上因心脏病突然发作倒在了方向盘上。他在生命的最后一刻做了这样几件事：先把车停在路边，关闭了发动机；然后打开车门，目送所有乘客下车；带着微笑倒在了方向盘上。

思考：请叙述公交车老司机的高贵品质表现在哪些方面。

2. 古希腊哲学家说："个人的痛苦与欢乐，必须融合在时代的痛苦与欢乐里。"

写一篇议论文，结合本节学过的有关知识谈谈自己应该建立怎样的苦乐观。

3. "恨不抗日死，留作今日羞。国破尚如此，我何惜此头。"这是1934年11月24日抗日名将吉鸿昌临刑前写下的气吞山河的就义诗。"砍头不要紧，只要主义真。杀了夏明翰，还有后来人！"这是1928年3月20日夏明翰在被国民党军阀杀害前写下的大义凛然的就义诗。

思考：请谈谈吉鸿昌、夏明翰两位革命先烈的就义诗体现了什么精神，并详细叙述有关理论观点。

4. 试述实现人生价值的条件。

第三节 人的全面发展与个性自由

一、人的自由而全面的发展的科学含义和基本特征

人的自由而全面的发展是马克思主义的一个基本观点。马克思认为，衡量人类社会进步的根本标准，归根到底在于人的发展，在于人的自由和解放。实现人的全面发展是人类追求的崇高目标。

（一）人的自由而全面的发展的科学含义

人的自由而全面的发展是指人的自由意志获得自由体现、人的社会关系获得高度丰富、人的潜能素质获得全面提高、人的能力和个性获得充分发展。马克思主义的"实现人的自由而全面的发展"这一根本命题有四个方面的含义：

第一，这一命题所追求的是"全人类的解放"，是"每一个人的发展"，所以，它坚决反对一切以牺牲多数人的利益而保障少数人特权的社会制度，热切期望建立一种维护最大多数人利益的制度。

第二，这一命题所追求的是人的"自由发展"，是存在于社会现实中的活生生的个人的个性、人格、创造性和独立性最大限度的"不受阻碍的发展"。

第三，这一命题所追求的是人的"全面发展"，既是人的个性、能力和知识的协调发展，也是人的自然素质、社会素质和精神素质的共同提高，同时还是人的政治权利、经济权利和其他社会权利的充分实现。

第四，这一命题将人的"自由发展"视为人的"全面发展"的前提，认为没有人的"自由发展"，其"全面发展"便无从谈起。

（二）人的自由而全面的发展的基本特征

人的自由而全面的发展具有三个基本特征，即综合性、社会性、历史阶段性。

第一，人的自由而全面的发展具有综合性。它是自由发展、全面发展、充分发展的统一。自由发展与禁锢、束缚相对应，是人的充分的彰显个性和独立性、创造性的发展；全面发展与片面发展相对，是人的各方面才能和能力的协调发展；充分发展与有限发展相对应，是人的潜能和创造能力的最大限度的发挥。

第二，人的自由而全面的发展具有社会性。人的全面发展只能在社会发展中实现。人的全面发展离不开社会实践特别是劳动。劳动是人的本质活动，是人的才能发展的最根本的途径。社会关系的全面性使人的发展具有全面性。

第三，人的自由而全面的发展具有历史阶段性。从根本上说，人的发展和社会的发展是相互促进的辩证统一关系。人的发展离不开社会的发展，社会的发展离不开人

的发展；人的发展是社会发展的目的，又是社会发展的手段。不过，在不同的历史阶段上，由于社会生产力发展水平不同，人们的社会关系不同，人的发展的内涵和历史形态也不相同。

知识拓展

根据社会发展和人的发展的内在联系，马克思把人的发展过程概括为依次递进的三个历史阶段。

第一个历史阶段是对人的依赖关系阶段，包括原始社会、奴隶社会和封建社会。在这样的历史阶段上，由于生产力发展水平很低，个人只能或者依赖于血族群体（原始氏族、部落），或者依附于他人（奴隶主、封建领主），人们社会关系只是共同体内部的相互联系，即在孤立的地点和狭窄的范围内发生的地方性联系，因而个人不可能获得对他人的独立性，不可能获得自由而全面的发展。

第二个历史阶段是"以物的依赖性为基础的人的独立性"阶段，即资本主义社会。在这种形态下，个人摆脱了早先的那种人身依附关系，并由此获得了对他人的独立性。然而，这种人的独立性却是以物的依赖性为基础的。人们看起来似乎是相互独立、自由地交换。但实际上却处处受到物的统治，特别是陷入了对商品货币的依赖关系之中。然而，在这样的历史阶段上，社会关系虽然以异己的物的关系的形式同个人相对立，人的发展虽然还受到社会关系的束缚和压抑，但也产生出了个人关系和个人能力的普遍性和全面性，从而为人的发展的更高历史阶段的到来创造着条件。

第三个历史阶段是人的全面发展阶段。在这样的历史阶段上，由于生产力高度发达和物质财富极大丰富，由于消灭了私有制和一部分人对另一部分人的剥削压迫，由于人的觉悟、素质和能力水平的极大提高，由于人的社会关系和社会生活内容全面丰富，因而，社会关系已为人所支配，人成为社会关系的主人、成为自然界的主人和自己的主人。在这样的历史阶段上，人将在丰富、全面的社会关系中获得自由、全面的发展，成为具有自由个性的人。共产主义社会就是实现人的自由而全面发展的社会形态。

经过四十多年的改革开放，我们已经进入了全面建成小康社会、加快推进社会主义现代化的新的发展阶段。生产力越发达、社会越进步，对促进人的全面发展的要求就会越高。富强、民主、文明、和谐的社会主义现代化，其最高衡量标准是人的全面发展，它必然促进而且要求不断促进人的全面发展。只有不断促进人的全面发展，才能使我国"人口众多"这个经济社会发展的负担变成经济社会发展的优势。

二、人的全面发展

（一）人的全面发展的内容

人的全面发展的内容包含着互相联系、辩证统一的两个方面：其一，人的活动及其能力的全面发展。人的活动的全面发展包含着活动能力的全面发展，即体力和智力、自然力和社会力、个体能力和集体能力、潜力和现实能力等的全面发展。其二，社会关系的全面丰富、社会交往的普遍性、人对社会关系的全面占有和共同控制。社会关系是实践活动的展开，人的发展现实地表现为社会关系的发展，人们的经济关系、政治关系、伦理关系、生活交往关系等，由贫乏变得丰富，由封闭变得开放，由片面变得全面。

（二）实现人的全面发展的条件

一般说来，实现人的全面发展，既需要客观的社会条件，也需要个人的主观追求和努力。

第一，生产力高度发展是实现人的全面发展的物质前提。生产力是人们征服自然、改造自然的物质力量。生产力的发展，为人类创造了丰富的物质财富，也为人的全面发展的实现提供了物质前提。

生产力的发展为人的全面发展奠定物质基础。生产力的发展创造了日益丰富的物质生活资料，使人不仅能够逐步摆脱贫困状态，而且还能够在满足基本生活需要的前提下追求精神层面的享受和自由个性的发展。

生产力的高度发展也为人的全面发展提供充足的自由时间。自由时间是指人们可以自由支配的时间，即可以用于从事科学、艺术、社会活动等非物质生产活动的时间。有了充分的自由时间，人们才能全面发展。人们拥有的自由时间同社会生产力的发展水平是成正比的，社会生产力发展水平越高，人们用于从事沉重的体力劳动的时间就会越少，因而其拥有的自由时间就越多，自主性就越强，其在文化娱乐、科技创新、文艺创作等活动中发挥的作用就越大，就越能够更加自由地丰富和完善自己，实现自己的价值。

第二，消灭私有制和旧式分工，是实现人的全面发展的根本条件。在私有制度下，剥削阶级占有生产资料，劳动者阶级为了生存不得不从事各种形式的劳动，而其大部分劳动成果又被剥削阶级剥夺了。剥夺了劳动者的劳动成果就等于剥夺了劳动者的自由时间，这就必然造成人的发展的被动性和片面性。另外，旧的社会分工是生产力发展到一定阶段的产物，它对于生产力的发展和整个社会的进步起到了很大的推动作用，但是，在剥削制度下，特别是在资本主义社会里，旧的社会分工又使人们一生只能从事某种固定化的职业，成为片面发展和被动发展的人，只要他不想失去生活资料，他就始终是这样的人，因此，只有消灭私有制和旧式分工，才能消灭剥削阶级对于劳动者的剥削，消灭城乡差别、工农差别、脑力劳动与体力劳动的差别，使劳动成为真正自由的活动，劳动者成为全面而自由发展的人。

第三，大力发展教育事业是实现人的全面发展的根本途径。教育是培养新生一代准备从事社会生产和社会生活经验的整个过程，也是人类社会生产和生活经验得以继承发扬的关键环节，主要是指学校对适龄儿童、少年、青年进行培养的过程。教育能够使受教育者掌握科技知识，开发受教育者的智力；能够使受教育者懂得社会行为规范，提高受教育者的道德素养；能够弥补受教育者的先天差异，甚至超越人的天赋，使受教育者获得生产、生活以及创新能力。总之，教育是实现人的全面发展的根本途径。在当代，真正的教育是全面教育，是能够克服旧的社会分工造成的人的片面性和局限性的教育。

知识拓展

《国家中长期教育改革和发展规划纲要（2010—2020年）》把促进人的全面发展作为新时期新阶段我国中长期教育改革和发展的战略主题，强调要坚持全面教育。全面加强和改进德育、智育、体育、美育。坚持文化知识学习与思想品德修养的统一、理论学习与社会实践的统一、全面发展与个性发展的统一。加强体育，牢固树立健康第一的思想，确保学生体育课程和课余活动时间，提高体育教学质量，加强心理健康教育，促进学生身心健康、体魄强健、意志坚强；加强美育，培养学生良好的审美情趣和人文素养。加强劳动教育，培养学生热爱劳动、热爱劳动人民的情感。重视安全教育、生命教育、国防教育、可持续发展教育。促进德育、智育、体育、美育有机融合，提高学生综合素质，使学生成为德智体美全面发展的社会主义建设者和接班人。

第四，重视精神文化产品的生产是实现人的全面发展的重要保证。整个社会有机体是物质生产，人类自身生产、社会关系再生产和精神文化产品的生产四种生产的统一。精神文化产品是相对于物质产品而言的，是一切科学体系、精神成果和意识形态的总和，包括哲学、宗教、政治、法律、道德、文学、艺术等。精神文化产品的生产是整个社会生产的重要组成部分。任何一个社会要想生存和发展，都必须进行精神文化产品的生产。精神文化产品的生产可以强化人的主体意识，满足人的精神和文化需求，使人逐渐形成对自身区别于他物的性质、地位、作用、价值的自觉，为人的全面发展提供必要的精神动力。此外，重视精神文化产品的生产也增强人认识世界、改造世界的主体能力，从而促进物质生产。因此，重视精神文化产品的生产是实现人的全面发展的重要保证。

知识拓展

在我国，搞好精神文化产品的生产，就要坚持中国特色社会主义文化发展道路，努力建设社会主义文化强国。按照实现全面建成小康社会奋斗目标新要求，到2020年，文化改革发展的奋斗目标是：社会主义核心价值体系建设深入推进，良好思想道德风尚进一步弘扬，公民素质明显提高；适应人民需要的文化产品更加丰富，精品力作不断涌现；文化事业全面繁荣，覆盖全社会的公共文化服务体系基本建立，努力实现基本公共文化服务均等化；文化产业成为国民经济支柱性产业，整体实力和国际竞争力显著增强；公有制为主体、多种所有制共同发展的文化产业格局全面形成；文化管理体制和文化产品生产经营机制充满活力、富有效率，以民族文化为主体、吸收外来有益文化、推动中华文化走向世界的文化开放格局进一步完善；高素质文化人才队伍发展壮大，文化繁荣发展的人才保障更加有力。毫无疑问，实现文化改革发展的奋斗目标，既是全面建设小康社会的根本要求，也是促进人的全面发展的重要条件。

第五，要树立科学的世界观、人生观、价值观，提高自身的思想道德素质和科学文化素质，提高自身的意志品质。这是实现人的全面发展的主观条件。树立科学的世界观、人生观、价值观能够使人正确理解人生的目的和意义，从而坚持正确的人生方向；提高思想道德素质能够使人具有崇高的理想和精神境界，从而自觉的完善自我、发展自我；提高科学文化素质能够使人掌握各种科学技术知识，从而发挥劳动创造能力；提高自身的意志品质能够使人调动或抑制某种情感、欲望和动机，调动信念和理想的力量，不惧困难，不怕挫折，为实现人生目标做出不懈的努力。

（三）促进人的全面发展是建设社会主义新社会的本质要求

在领导中国革命、建设和改革开放的过程中，中国共产党始终把促进人的全面发展作为自己矢志不渝的奋斗目标和社会主义新社会的本质要求，继承和发展了马克思的人的全面发展的思想。

1. 促进人的全面发展所以是建设社会主义新社会的本质要求，是由以下三个方面的原因决定的

第一，努力促进人的全面发展，是社会主义社会区别于一切剥削社会的根本标志之一。社会主义代替资本主义是生产力发展的结果。社会主义优越于资本主义，就在于它消除了资本主义社会一部分人对另一部分人的经济剥削和政治压迫，为人民群众当家做主，为促进人的全面发展提供了制度保障，并不断创造着物质文化的条件。

第二，努力促进人的全面发展，是建设中国特色社会主义的重要特征和价值目标。中国特色社会主义的一个重要特征，就是经济、政治、文化、社会、生态文明协调发展，物质文明、政治文明、精神文明、社会文明、生态文明共同进步。在推进物质文明、政治文明、社会文明、生态文明建设的同时，努力推进精神文明建设，而精神文明建设的根本任务就是要不断提高人们的思想道德素质和科学文化水平，促进人的全面发展，为社会培养"四有"新人。

第三，努力促进人的全面发展，是推动我国社会主义持续发展的基本保证和强大动力。促进人的全面发展，同促进经济、政治、文化和社会的发展是互为前提、互相促进的，人越是得到全面发展，社会的物质文化财富就会创造得越多，民主政治建设的进程就会越快，人与社会之间、社会与自然之间的关系就会越和谐。

2. 努力促进人的全面发展，是社会主义新社会的本质要求

具体地说，建设中国特色的社会主义，促进人的全面发展，就要坚持中国共产党

的宗旨，全心全意为人民服务，做到发展依靠人民，发展为了人民，发展的成果由人民共享。

第一，要加强物质文明建设，不断提高我国社会主义生产力发展水平，逐步实现全体人民的共同富裕，努力创造促进人的全面发展的物质条件。

第二，要加强政治文明建设，坚持中国共产党的领导、人民群众当家做主和依法治国的有机统一，发展社会主义民主政治，丰富人们的社会关系，巩固人民群众的主体地位，保证人民充分行使民主选举、民主决策、民主管理、民主监督的权利。

第三，要加强精神文明建设，努力提高全民族的思想道德素质和科学文化素质，使广大群众不断丰富知识、增长才干、提高觉悟，增强为社会主义现代化建设努力工作的自觉性，推动经济和社会的全面发展。

第四，要加强生态文明建设，端正生态观念，强化生态意识，保护生态环境，珍惜自然资源，促进人和自然的协调与和谐，在实现社会可持续发展的基础上促进人的全面发展。

三、人的个性自由

（一）人的个性和个性自由的含义

相对于群体的人的共性而言，人的个性就是人的个别性，是一个人在思想、性格、品质、意志、情感、态度等方面不同于其他人的特点，这些特点表现于外，就是他特有的言语方式、行为方式和情感方式。个性化是个人的存在方式，任何人都是有个性的。

不同的人会有不同的个性。人们的个性既有需要、意志、能力等在发展水平方面的差异，也有性格、品质、价值取向等在性质上的区别，例如，有的人善良、和蔼，有的人残忍、暴戾；有的人明礼诚信、敬业奉献，有的人背信弃义、好逸恶劳；有的人艰苦奋斗、大公无私，有的人贪图享受、自私自利。促进人的发展，要以人类共同的法律准则和道德准则为依据，坚决摒弃消极的个性因素，提倡积极的个性特征。

知识拓展

从构成方式上讲，个性其实是一个系统，由个性倾向性、个性心理特征和自我意识三个子系统组成：

个性倾向性是指人对社会环境的态度和行为的特征，决定着人对周围世界认识和态度的选择和趋向，决定着人的追求，包括需要、动机、兴趣、理想、信念、世界观等。个性倾向性是人的个性结构中最活跃的因素，它是一个人进行活动的基本动力，决定着人对现实的态度，决定着人对认识活动的对象的趋向和选择。

个性心理特征是指个体在其心理活动中经常、稳定地表现出来的特征，主要是指人的能力、气质和性格。能力是成功地完成某种。活动的个性心理特征。一个人要能够顺利、成功地完成某种活动，主要的心理前提是要具备某些能力。气质是人典型的、稳定的心理特点，即人的性情或脾气。性格是个人对现实稳定的态度和稳定行为方式的心理特征。有人大公无私，有人自私自利；有人勤劳朴实，有人懒惰奢侈；有人自尊自强，有人自暴自弃；等等，这些都是人的性格特征。当某些特征稳定地而不是偶然地表现在某人身上时，就可以说这个人具有这种性格特征。

自我意识是指个体对所有属于自己身心状况的意识，包括自我认识、自我体验、自我调控等方面，如自尊心、自信心等。自我意识是个性系统的自动调节结构。

个性结构的这些成分或要素，又因人、时间、地点、环境的不同而互相排列组合，结果就产生了在个性特征上千差万别的人和一个人在不同的时间、地点环境中的个性特征的变化，而心理过程是个性产生的基础。

个性自由的含义包括：第一，个性自由是就人的发展的自主性、独特性和个别性而言的。第二，个性自由的前提是摆脱束缚和限制以充分张扬自己的个性，发挥自己的能力和潜能。第三，个性自由不是随心所欲，更不是为所欲为。因为，人的自由总是在一定基础上的自由，总是要受到客观规律和社会关系的制约：一方面，个性自由就是人要遵循客观自然规律、社会规律、生命规律及规范。自由是对必然的认识和对客观世界的改造，人们只有在实践的基础上正确认识客观规律，成功地改造自然、社会和自身的现有存在状态，才能获得自由的发展。违背了客观规律就不可能有人的自由。另一方面，任何个人的自由都不能违背社会利益，不能影响社会的稳定与发展，不能妨害别人的自由。

（二）个性自由对人的发展的作用

个性自由对培养创新型人才具有十分重要的作用。创新是人类特有的认识能力和实践能力，创新就是创造新颖独特、个性鲜明的新事物。创新是人类主观能动性的高级表现形式，是推动民族进步和社会发展的不竭动力。创新离不开人的全面发展，离不开人的素质的全面提高，也离不开人的个性自由，即离不开个人优势潜能的开发和兴趣专长的发展。为了让创新能力在广大青年中普遍增强，就要热情鼓励个性的自由发展，提倡自由探索、独立思考，努力营造创新的良好经济环境、法律环境、教育环境，制定和执行选拔人才、使用人才制度，让创新智慧在青年中竞相迸发，创新型人才在青年中大批涌现。

（三）个性自由和人的全面发展的关系

个性自由与人的全面发展都是衡量人的发展的主要尺度，也是人的发展的相互联系、相互促进的两个方面：一方面，人的全面发展要以个性自由为基础。人的全面发展并不排除某个人在某些方面的特殊才能的发挥和发展，并不否认人的个性特点，并不是把所有的人都塑造成一模一样的人。如果每一个人的志趣爱好、才情品格等完全一致，社会将千人一面，也就谈不上和谐统一的全面发展。每个人的全面发展，建立在个性自由的基础之上；整个社会人们的全面发展，又以每个人的全面发展和个性自由的发挥和发展为前提。另一方面，人的全面发展又制约着个性自由发展。人们要自觉、自愿、自主地发展自己的才能，施展自己的力量，就要坚持德才兼备、全面发展的基本要求，在发展个人兴趣专长和开发优势潜能的过程中，在正确处理个人、集体、社会关系的基础上保持个性、彰显本色，实现思想成长、学业进步、身心健康有机结合，在德、智、体、美相互促进、有机融合中实现全面发展，努力成为可堪大用、能负重任的栋梁之材。那种片面发展的人、畸形发展的人，是难堪重任的。

个性自由和人的全面发展，都是青年成长发展的价值目标，体现着以人为本的科学发展观的价值取向。把全面发展和个性发展紧密结合起来，就是引导青年实现价值目标的均衡，在发展自我的同时，不断增强服务国家、服务人民的社会责任感，坚持个人价值与社会价值的统一，把个人成长、成才融入祖国繁荣昌盛和人民幸福安康的伟大事业中去。

青年是祖国的未来和民族的希望。要成为中国特色社会主义建设事业的栋梁，就要正确处理个性自由和人的全面发展的关系，在全面发展中不断完善自己的兴趣爱好、才情品格，又在追求个性自由发展中实现全面发展的目标，勤于学习，善于创造，甘于奉献，做一个有理想、有道德、有文化、有纪律的社会主义新人。

四、促进人的自由发展和全面发展，创造美好人生

人们都向往美好的人生，但是，美好的人生要靠自身的创造，要靠自身的努力，靠自己在促进个性自由发展中实现全面的发展。

中职学生正处于长身体、长知识、长才干、筹划未来的阶段。对于未来，大家更是充满了憧憬。那么，怎样去创造属于自己的美好人生呢？

首先，要树立正确的人生态度。人生态度是指个人在实际生活中关于怎样看待生活，怎样看待人生的心理意识和倾向，它是比较稳定的认识、情感、信念的总和。树立正确的人生态度，才能使自己走好人生道路上的各个阶段，才能使自己在复杂的社会之中，坚持正确的人生方向，站稳正确的人生立场，正确处理各种矛盾，战胜各种困难，历经曲折的征途，创造美好的人生。

在社会主义现代化建设时期，正确的人生态度是开拓进取、追求新知、崇尚和谐、尽己所能为社会为人民做贡献的态度。

其次，要坚持历史唯物主义观点和革命的乐观主义精神。不论遇到任何艰难险阻，都不丧失前进的斗志和必胜的信心，不论碰到什么风云变幻，都不迷失方向、止步不前，永远对事业、生活和未来充满希望。积极乐观的人生态度，来源于对事物发展规律和社会发展方向的正确认识。事物发展规律表明，任何事物的发展都不是一帆风顺

的，都是通过事物内部的矛盾斗争实现的。只看到顺利一面，看不到曲折一面，遇到风浪便会产生动摇和迷惑。对于强者来说，厄运是学校，逆境是老师，曲折是人生的必经之路；反过来讲，只看到曲折一面，看不到顺利一面，就容易悲观失望而无所作为。只有既看到道路曲折的一面，又看到顺利发展的一面，才会胜不骄，败不馁，永远保持积极乐观的人生态度，不屈不挠地走好自己的人生之路。

最后，要用辛勤的劳动创造美好幸福的人生。在生活中，人们对幸福的理解是不一致的：有的人认为个人生活安逸，物质生活丰富就是幸福；有的人认为劳动和创造是艰难痛苦的，只有在享受劳动果实时才是最幸福的。实际上，这些观点都是片面和错误的。孟子指出：生于忧患，死于安乐。意思是说，人在忧患的环境中成长、发展，如果只图安逸享乐，就会停步不前，和死亡没有多少区别了。

幸福的概念包含着物质和精神两个方面。物质是基础，精神是灵魂。一定的物质基础是实现幸福生活不可缺少的条件，但是高尚充实的精神生活才是人的幸福的主要方面。因为人不同于一般的动物，除了必要的物质条件外，更重要的是人有思想，有理性，有精神寄托，有理想追求，因此，人的最大幸福是事业的成功和创造的快乐，而不是个人的享乐与物质上的享受。单纯追求物质享受的人，都必然埋没自己的理智和才干，逐步变得昏庸、腐败或没落。只有在高尚、健康的情操陶冶下，才能正确对待物质生活，即使在艰难困苦的条件下也能始终保持乐观的情绪，坚定地走在通往幸福的大道上。

作为有志的青年，只有在为实现远大志向的艰苦劳动中，在为他人和社会的劳动中，才能充分发挥自己的才能和力量，认识到人生的意义和价值，享受到人生的真正幸福，而且这种幸福，比起从其他方面获得的幸福更丰富、更深刻、更持久。

体验与探究

1. 如今的社会是市场经济社会，于是，有的人认为有了钱就等于有了房子、车子、美女、地位、荣耀……有了钱就无所不能，有了钱就有了真正的幸福。

思考：拥有金钱就是幸福的吗？你是怎样看待金钱和幸福之间的关系的？你应当怎样去创造属于自己的幸福生活？

2. 人的全面发展实现的条件有哪些？如何做到德、智、体、美、劳全面均衡的发展？
3. 论述人的个性自由和人的全面发展的关系。